新媒体·新传播·新运营 系列丛书

短视频创作

AIGC版

微课版

冯永强 许媛◎主编

马梦远 黄少芬◎副主编

人民邮电出版社

北京

图书在版编目（CIP）数据

短视频创作：AIGC版：微课版 / 冯永强，许媛主编. -- 2版. -- 北京：人民邮电出版社，2025.
（新媒体·新传播·新运营系列丛书）. -- ISBN 978-7-115-66638-3

Ⅰ. TN948.4

中国国家版本馆 CIP 数据核字第 2025VJ1822 号

内 容 提 要

本书以短视频创作的理论和技术为基础，采用理论与实践相结合的方式，通过大量短视频创作的案例来讲解短视频创作的方法，并结合实际操作步骤讲解和微课视频演示的方式帮助读者提升短视频创作能力。

本书共 6 个项目，主要内容包括认识短视频、策划与筹备短视频、拍摄短视频、剪辑短视频、手机拍摄与剪辑短视频、赏析并创作短视频。

本书适合作为高职院校、本科院校及成人教育院校影视编辑、摄影摄像及新媒体等相关专业的教材，也可作为从事短视频创作或摄影摄像工作的人员的参考书。

◆ 主　　编　冯永强　许　媛
　　副 主 编　马梦远　黄少芬
　　责任编辑　姚雨佳
　　责任印制　王　郁　彭志环

◆ 人民邮电出版社出版发行　　北京市丰台区成寿寺路 11 号
　　邮编　100164　　电子邮件　315@ptpress.com.cn
　　网址　https://www.ptpress.com.cn
　　涿州市般润文化传播有限公司印刷

◆ 开本：700×1000　1/16
　　印张：13.75　　　　　　　　　　2025 年 6 月第 2 版
　　字数：309 千字　　　　　　　　2025 年 9 月河北第 2 次印刷

定价：69.80 元

读者服务热线：(010)81055256　印装质量热线：(010)81055316
反盗版热线：(010)81055315

前言
Foreword

在这个瞬息万变的数字时代，短视频以其独特的魅力，成为连接大众、记录时代、传播文化的重要桥梁，深刻地改变着人们的生活方式、信息获取途径乃至商业生态。并且，随着人工智能技术的发展与融入，短视频创作也变得更加高效、智能与个性化，短视频行业不断创新变革，进一步推动我国的数字经济发展。短视频是数字经济的重要组成部分，其创作、传播与应用正是推动文化产业创新、促进消费升级、助力乡村振兴等方面的重要力量。学习短视频创作不仅能提升个人能力，更是响应国家"加快发展数字经济，促进数字经济和实体经济深度融合，打造具有国际竞争力的数字产业集群"号召，参与国家发展大局的实际行动。在这样的背景下，编者总结了短视频脚本创作、拍摄和剪辑的实践经验，在第一版的基础上结合当前短视频行业的发展情况及人工智能技术的应用，编写了本书。

本书特点

本书内容新颖，体例结构完整，以项目任务的方式介绍了短视频策划、拍摄、剪辑的相关内容，并提供了经典的短视频案例。本书具有以下 5 个特点。

（1）本书每个项目的内容安排和结构设计都考虑了从事短视频行业和对短视频感兴趣的读者的实际需要，具有实用性和条理性。

（2）本书详细阐述了策划、拍摄与剪辑短视频流程中所涉及的诸多关键环节，全方位解决读者在短视频策划、拍摄和剪辑过程中可能遇到的各类问题。

（3）本书在阐述理论的同时，还结合短视频案例进行分析。这些案例具有很强的参考性，可以帮助读者更好地理解知识，掌握不同类型短视频内容的创作方法。

AI 创作的短视频《AI 我中华》　　　　　　　获奖非遗剧情短视频《脸子》

（4）本书穿插"小贴士"栏目，每个项目末还提供"课后实训"板块，不仅解决了读者在学习短视频创作过程中可能遇到的各种问题，还能让读者学到更加全面、新颖的知识。

（5）本书针对一些实例及操作步骤录制了讲解视频，读者可以扫描对应二维码观看，以便更扎实地掌握具体操作过程。

配套资源

本书提供了丰富的配套资源，读者在人邮教育社区（www.ryjiaoyu.com）搜索本书书名，即可下载以下资源。

● **素材和效果文件**：提供正文讲解、课后实训中案例的素材和效果文件。本书案例素材文件所在位置表示方式：\素材文件\项目编号\素材文件名，如"\素材文件\项目四\小清新调色.mp4"。本书案例效果文件所在位置表示方式：\效果文件\项目编号\效果文件名，如"\效果文件\项目四\小清新调色.mp4"。

● **教学资源**：提供与教材配套的精美PPT、教学教案、教学大纲和教学题库软件等资源，以帮助教师更好地开展教学活动。

素材和效果文件

本书由冯永强、许媛担任主编，由马梦远、黄少芬担任副主编。由于编者水平有限，书中难免存在疏漏之处，恳请广大读者、专家批评指正。

编　者
2025 年 1 月

目录
Contents

项目一　认识短视频 ········· 1

任务一　了解短视频 ················· 2
（一）短视频的发展历程 ··········· 2
（二）短视频的特点 ··············· 4
（三）短视频平台 ················· 6
（四）短视频的类型 ··············· 7

任务二　了解 AI 工具生成短视频 ····· 10
（一）生成短视频的 AI 工具 ······· 10
（二）AI 工具生成短视频的
　　　特点 ···················· 12
（三）AI 工具生成短视频的
　　　形式 ···················· 12
（四）AI 技术在短视频创作
　　　中的作用 ················ 14

任务三　认识短视频团队 ··········· 15
（一）团队成员的基本要求 ········· 15
（二）团队岗位设置及类型 ········· 15
（三）短视频团队的运作 ··········· 19

**课后实训——搭建新农村短剧的短视频
　　　团队** ··················· 20
（一）借助 AI 工具制定方案 ······ 21
（二）参考方案搭建团队 ·········· 21

项目二　策划与筹备
短视频 ··········· 23

任务一　策划短视频 ················ 24
（一）定位用户类型 ··············· 24
（二）定位内容方向 ··············· 28
（三）确定短视频的形式 ········· 31
（四）AI 工具辅助策划短视频···33

任务二　撰写短视频脚本 ··············· 33
（一）短视频脚本的功能 ········· 34
（二）短视频脚本的写作思路···34
（三）短视频脚本的类型 ········· 35
（四）撰写短视频脚本的
　　　技巧 ···················· 40
（五）AI 工具创作短视频脚本···42

任务三　筹备短视频拍摄 ··········· 43
（一）拍摄器材 ················· 43
（二）辅助器材 ················· 46
（三）场景和道具 ··············· 51
（四）导演和演员 ··············· 52
（五）预算 ····················· 53

**课后实训——撰写短视频《星星》的
　　　分镜头脚本** ··············· 53
（一）策划和生成分镜头
　　　脚本 ···················· 54
（二）撰写分镜头脚本············· 55

（二）现场录音的常用技巧 ……87

任务五　布光 ……………………**87**
　（一）光的类型与特点 ………87
　（二）布光原则 ………………89
　（三）布光技巧 ………………90

课后实训——拍摄剧情类短视频
　　　《星星》 ……………………**91**
　（一）组建拍摄团队 …………92
　（二）准备拍摄器材 …………92
　（三）布置场景和准备道具 …93
　（四）现场布光 ………………93
　（五）设置拍摄参数 …………93
　（六）拍摄短视频素材 ………94

项目三　拍摄短视频 ……… 58

任务一　设置景别 ……………**59**
　（一）远景 ……………………60
　（二）全景 ……………………61
　（三）中景 ……………………63
　（四）近景 ……………………64
　（五）特写 ……………………66

任务二　设计构图 ……………**67**
　（一）画面的主次分配 ………68
　（二）构图的目的和要求 ……68
　（三）常用的影视构图方式 …69
　（四）突出拍摄主体的构图
　　　　方式 ………………………70
　（五）拓展视觉空间的构图
　　　　方式 ………………………71
　（六）提升视觉冲击力的构图
　　　　方式 ………………………72

任务三　运用镜头 ……………**73**
　（一）固定镜头 ………………73
　（二）运动镜头 ………………75
　（三）主客观镜头 ……………80
　（四）其他常用镜头 …………82

任务四　录音 …………………**85**
　（一）常用的录音方式 ………85

项目四　剪辑短视频 ………95

任务一　编辑视频素材 ………**96**
　（一）常用的剪辑手法 ………96
　（二）设置转场 ………………99
　（三）应用滤镜 ………………102
　（四）制作特效 ………………103
　（五）AI 编辑视频素材 ………106

任务二　调色 …………………**106**
　（一）调色的基本目的 ………106

（二）调色的常见应用…………107
（三）不同风格的色彩
　　　调制……………………110
（四）AI 调色 ………………112

任务三　处理音频………………**113**
（一）音画分离………………113
（二）消除噪声………………113
（三）收集和制作各种音效…114
（四）设置背景音乐…………114
（五）AI 音频处理……………116

任务四　后期制作………………**117**
（一）制作字幕………………118
（二）制作封面、片头
　　　和片尾…………………119
（三）导出短视频……………123
（四）发布短视频……………124

课后实训——剪辑剧情类短视频
　　　《星星》………………**126**
（一）导入和剪辑短视频
　　　素材 …………………127
（二）调色……………………128
（三）处理音频………………129
（四）添加音效和背景音乐……130
（五）添加字幕………………131
（六）制作封面、片头
　　　和片尾…………………132
（七）导出短视频 ……………135

**项目五　手机拍摄与剪辑
　　　　短视频** …………**136**

任务一　认识手机拍摄器材………**137**
（一）智能手机………………137
（二）自拍杆…………………138
（三）固定支架………………140
（四）手机云台………………141
（五）外接镜头………………143

任务二　手机拍摄短视频…………**145**
（一）手机拍摄短视频注意
　　　事项……………………145
（二）手机拍摄短视频 App……146

任务三　手机剪辑短视频…………**151**
（一）手机短视频剪辑
　　　App …………………151
（二）手机剪辑短视频的思路…154
（三）手机剪辑短视频的进阶
　　　功能……………………157

课后实训——手机拍摄和剪辑短视频
　　　《英雄》………………**165**
（一）创建短视频团队…………165
（二）撰写短视频脚本…………166
（三）准备拍摄器材……………167
（四）设置场景和准备
　　　道具……………………167
（五）现场布光…………………167
（六）设置拍摄参数……………167
（七）拍摄视频素材……………167
（八）导入和裁剪视频素材……168
（九）调色………………………169

（十）添加特效视频和背景
　　　音乐 ················· 170

（十一）添加字幕 ········· 172

（十二）制作封面和片尾 ····· 174

项目六　赏析并创作

短视频 ········· 176

任务一　赏析并创作 AI 生成类型的

短视频 ············· 177

（一）赏析 AI 创作的短视频
　　　《AI 我中华》 ········· 177

（二）使用 AI 创作短视频
　　　《端午古风韵》 ········· 179

任务二　赏析并创作剧情类型的

短视频 ············· 182

（一）赏析获奖非遗剧情短片
　　　《脸子》 ··········· 182

（二）创作新农村剧情短视频
　　　《新农村家事》 ········ 184

任务三　赏析并创作宣传类型的

短视频 ············· 189

（一）赏析大运会宣传片《成都
　　　倒计时 3000 年》 ······ 189

（二）创作个人展示宣传短视频
　　　《北大来人》 ········· 191

任务四　赏析并创作生活记录类型的

短视频 ············· 196

（一）赏析旅拍 Vlog
　　　《故乡旅人》 ········· 197

（二）手机创作记录个人生活的
　　　短视频《小确幸》 ······· 198

课后实训——创作短视频《父母的

世界》 ············· 204

（一）组建短视频团队 ······· 205

（二）撰写短视频脚本 ······· 205

（三）准备拍摄器材 ········· 205

（四）设置场景和准备
　　　道具 ············· 205

（五）现场布光 ··········· 205

（六）设置拍摄参数 ········· 206

（七）拍摄视频素材 ········· 206

（八）导入和裁剪视频
　　　素材 ············· 206

（九）调色 ············· 208

（十）添加字幕 ··········· 208

（十一）添加背景音乐和片头
　　　　并导出 ·········· 210

（十二）发布短视频 ········· 212

项目一
认识短视频

案例导入

在人工智能（Artificial Intelligence，AI）技术浪潮的推动下，短视频创作领域迎来了新的变革。在抖音中，一个名为"AI 英语说"的短视频账号制作的短视频都是由 AI 工具生成。据了解，该账号运营团队成员通常先使用不同的 AI 工具分别生成短视频的脚本、图片和音频，然后再用 AI 工具制作出短视频，这种特殊的短视频创作方式获得了用户的关注，并收获了大量的粉丝。

短视频已深度融入人们的生活，成为人们记录、分享、获取信息和娱乐消遣的重要方式。短视频通过 AI 工具实现自动化生成，体现了短视频创作的智能化与高效性。但是，人才是短视频创作的核心，创建短视频仍然需要在认识短视频的基础上，搭建优秀且专业的短视频团队，通过创意、技能和情感赋予短视频独特的魅力与价值，并适当运用 AI 工具辅助创作，提升短视频的制作效率与质量。

学习目标

● 初步了解短视频。
● 熟悉使用AI工具生成短视频的相关知识。
● 认识短视频团队。

任务一 了解短视频

短视频是一种新兴的网络视频呈现形式，通常指时长较短的视频，一般通过网络发布和分享，便于用户在移动设备和短时休闲状态下观看。本任务将介绍短视频的发展历程、短视频的特点、短视频平台和短视频的类型等内容，让大家对短视频有一个初步的认识。

> **小贴士**
>
> 除短视频外，网络视频还有长视频和即时视频两种呈现形式。长视频通常指时长超过半个小时的视频，其内容以影视剧、综艺节目为主，通常由专业公司制作，并在网络视频平台中发布和观看。即时视频也称为直播，也是目前主要的视频呈现方式之一，通常在直播平台或具备直播功能的短视频平台和电商平台中观看。

（一）短视频的发展历程

中国互联网络信息中心发布的第 54 次《中国互联网络发展状况统计报告》显示：截至 2024 年 6 月，我国网络视频用户规模达 10.68 亿人，其中，短视频用户规模达 10.50 亿人，占网民整体的 95.5%，这意味着短视频已经成为很多网络视频用户的主要信息接收和传播渠道，是人们生活和工作中非常重要的一部分。短视频的发展主要经历了以下几个时期。

1. 萌芽时期

短视频的萌芽时期通常被认为是 2013 年以前，特别是 2011—2012 年，这一时期具有代表性的事件就是快手这一短视频平台的诞生，其 Logo（标志）如图 1-1 所示。

在这一时期，短视频用户群体较小，短视频用户喜好的短视频内容多以根据影视剧进行二次加工再创作，或者从影视综艺类节目中截取优秀片段为主。在这一时期，人们开始意识到网络的分享特质以及短视频生产门槛的降低，这为日后短视频的发展奠定了基础。

2. 探索时期

短视频的探索时期是 2013—2015 年，以美拍、腾讯微视、秒拍（其 Logo 见图 1-2）和小咖秀为代表的短视频平台逐渐进入公众的视野，短视频逐渐被广大用户接受。

图 1–1 快手 Logo

图 1–2 美拍、腾讯微视和秒拍 Logo

在短视频的探索时期，随着 4G 移动通信技术的商业应用以及一大批专业影视作品创作者加入短视频创作者的行列，短视频在技术、硬件和创作者的支持下，已经被广大用户所熟悉，并表现出极强的社交性和移动性，一些优秀的短视频内容甚至提高了短视频在互联网内容形式中的地位。

3. 分水岭时期

短视频的分水岭时期是 2016 年，以抖音短视频（2020 年 9 月更名为"抖音"）和头条视频（2017 年升级为西瓜视频）（其 Logo 见图 1–3）为代表的短视频平台都在这一时期上线。在这一时期，短视频平台投入了大量的资金来补贴内容创作，从源头上激发创作者的创作热情，广大网络用户见识到了短视频的强大内容表现力和引流能力。短视频行业迎来了"爆炸式"增长，短视频平台和创作者的数量都在快速增长。在传播和分享短视频的同时，用户也创作出大量短视频，形成了短视频发展的良性循环。

4. 发展时期

短视频的发展时期主要是 2017 年，以好看视频和土豆视频（其 Logo 见图 1–4）为代表的短视频平台加入了短视频领域的竞争。短视频领域呈现出百花齐放的态势。

图 1–3 抖音和西瓜视频 Logo

图 1–4 好看视频和土豆视频 Logo

以阿里巴巴网络技术有限公司（以下简称"阿里巴巴"）和深圳市腾讯计算机系统有限公司（以下简称"腾讯"）为首的众多互联网公司受到短视频市场巨大的发展空间以及红利的吸引，加速在短视频领域的布局，大量资金的涌入为短视频行业的未来发展奠定了坚实的经济基础，在这一时期，短视频平台的用户量继续攀升。

5. 成熟时期

短视频的成熟时期是从 2018 年至今，这一时期的短视频出现了搞笑、音乐、舞蹈、萌宠、美食、时尚和游戏等内容垂直细分领域。另外，短视频行业发展呈现出"两超多强"（抖音、快手两大短视频平台占据大部分市场份额，其他多个短视频平台占据少量市场份额）的态势。而且，各大短视频平台也在积极探索商业盈利模式，并开发出多种变现方式。这一时期的短视频行业开始逐渐规范并成熟起来，在各种政策和法规的规范下，短视频行业正逐步迈入正规发展的道路。

小贴士

目前，短视频的市场规模基本维持高速增长的态势。未来，以 AI 为代表的先进技术进一步普及，不但能够提高短视频平台的审核效率，降低运营成本，提升用户体验，推进平台的商业化进程，还能进一步提升短视频内容的创作质量。

（二）短视频的特点

人们日常生活中经常会通过移动设备在各种平台浏览大量的短视频，由此可见短视频的受欢迎程度，而这与其自身的特点密不可分。短视频具有一些个性化特点，包括短、低、快、强，正是这些特点让短视频更容易获得用户的青睐。

1. 短

短视频的时长短，有助于用户利用手机等移动设备在一些零碎、分散的时间中接收信息。例如，上下班途中、排队等候的间隙等。同时，短视频的内容简单直观，用户不用过多思考便能够理解其中的含义。此外，短视频的简短精练也非常适合于产品的宣传和推广，能够快、准、狠地传达产品卖点，有利于提升产品的传播效果。使用短视频宣传产品，既是目前网络时代信息传播的必然趋势，也迎合了当下人们的生活方式和思维方式，是用户和商家的必然选择。

2. 低

低主要是指短视频制作的成本和门槛低，且操作简单。

● **成本低**：短视频的拍摄和制作通常可以由一个人完成，不需要太多的设备和人员，甚至使用一部手机就可以完成包括短视频拍摄、剪辑和发布等在内的所有工作。

● **门槛低**：短视频更强调内容创作者与观众之间的互动，而且观众多在手机或平板电脑等移动设备上观看，对于短视频的拍摄水平并没有太专业的要求。

● **操作简单**：短视频手机软件（Application，App）内置了丰富特效、模板和智能快捷的剪辑等功能，这些功能非常简单和便捷，即便用户是第一次使用，也可以比较轻松地制作出一个特效丰富、主题明确的短视频。

小贴士

手机中常用短视频 App 的设计都是以竖屏为主，所以，为了满足短视频的社交和营销等属性，短视频内容采用竖屏形式更容易获得观众的关注。

3. 快

快主要表现在以下两个方面。

● **内容节奏快**：短视频时长短，所以内容一般比较充实和紧凑，能够在短时间内向观众完整地展示创作者的创作意图。

● **传播速度快**：短视频主要通过网络传播，而且具备社交属性，使得用户在进行社交活动时可以通过网络快速分享短视频，实现短视频的裂变传播。

4. 强

强主要表现在参与性强、互动性强、社交属性强和营销能力强这 4 个方面。

（1）参与性强

短视频的制作和传播，人人都可参与，因此，创作者和观众之间没有明确的分界线。创作者可以成为其他短视频的观众，而观众也可以创作自己的短视频。

（2）互动性强

短视频可以直接通过手机制作完成，然后发布并分享到社交平台、短视频平台或电商平台，实现多方用户的交流互动。

●**对于创作者**：短视频的互动性使得创作者能够通过互动获取观众对短视频内容的反馈，从而有针对性地提升短视频内容的质量。

●**对于观众**：观众可以通过互动进一步了解短视频内容的深层含义，加深对短视频内容的理解，并发表自己的意见和见解。

（3）社交属性强

在当今社会，网络已成为用户生活中不可分割的一部分，很多用户需要借助网络展示自我个性，以及通过网络社交来弥补现实生活中归属感的缺失，而短视频强大的社交属性正好可以完美契合以上两种诉求。

短视频能更加生动和直观地展现信息，满足用户充分展示自我和个性的需求。

用户可以点赞、评论或跟拍短视频，与创作者进行双向交流，部分收到点赞和评论较多的用户还有机会获得短视频平台的推荐，从而更容易吸引其他用户的关注，极大地满足了用户的归属感需求。

另外，短视频强大的社交属性也影响到网络社交平台的功能设计，使得不少网络社交平台在原有基础上新增了短视频功能，如微博上线的"视频"专区以及微信推出的"视频号"平台，如图 1-5 所示。

图 1-5 微博的"视频"专区（左）和微信的"视频号"平台（右）

（4）营销能力强

随着短视频与电商的不断融合，短视频的营销能力不断增强，也吸引了不少用户通过短视频消费购物。

● 短视频和电商的用户人群年龄分布十分相似，主要用户人群年龄都在25～35岁，这种相似性能够大大提高短视频营销信息对目标用户的触达率和转化率，使短视频具备极强的营销和推广能力。

● 短视频比其他内容形式更直观和立体，可以让用户获得更真实的感受，为短视频营销带来更佳的推广效果。

● 研究数据表明，人脑处理图像、视频等可视化内容的速度比处理纯文字快很多，也就是说，人类的生理本能更愿意接受短视频这种内容形式。因此短视频营销更符合人类生理的特点和需求。

小贴士

与图片、文字和声音相比，短视频更加直观且具有冲击力，能展现出生动和丰富的内容；与长视频相比，短视频节奏快，能满足用户碎片化的信息需求，而且具备极强的互动性和社交属性；与直播相比，短视频更便于传播和分享。这些优势使得短视频能够迅速获得商家和用户的认可和喜爱。

（三）短视频平台

短视频的蓬勃发展带动了一大批出色的短视频平台发展和壮大，如抖音、快手、微信视频号和好看视频等，不同的短视频平台有着不同的特点。此外，短视频平台不仅能够播放短视频，有些还具备短视频的拍摄、剪辑和发布等功能。

1. 抖音

抖音是目前短视频领域的主流平台，也是进行短视频创作的首选平台之一，在CNPP品牌数据研究院发布的2024年短视频平台市场品牌排名中位居第一。抖音官方公布的最新数据显示，截至2024年1月，抖音的用户数量突破10亿，其中，短视频月活跃用户数量高达9.2亿，人均单日使用时长超过两小时。图1-6所示为抖音平台中的短视频。

2. 快手

快手是目前短视频行业的领头羊之一，对创作者的支持力度相对较大，在CNPP品牌数据研究院发布的2024年短视频平台市场品牌排名中位居第二。快手官方发布的2024年第一季度财务报告中显示，快手的用户规模再创新高，平均月活跃用户数量为6.974亿，平均日活跃用户数量为3.938亿。图1-7所示为快手平台中的短视频。

3. 微信视频号

微信视频号是腾讯在2020年1月22日正式宣布开启内测的短视频平台，视频号内容以图片和视频为主，可以直接在手机发布长度不超过1分钟的短视频，还能带上文字和公众号文章链接，是一个在微信社交媒体平台中存在的新兴短视频平台，在CNPP品牌数据研究院发布的2024年短视频平台市场品牌排名中位居第三。腾讯控股发布的2024年第一季度财报显示，微信及WeChat合并月活跃账户数进一步增至13.59亿，其中，视频号总用户使用时长同比增长超80%，用户参与度有了显著提升。与此同时，视频号用户在平台上的停留时间已超过"朋友圈"的两倍。

4. 好看视频

好看视频是百度旗下的短视频平台，其定位是短视频知识互动社区，内容以泛知识类短视频为主，在 CNPP 品牌数据研究院给出的 2024 年短视频平台市场品牌排名中位居第 7。根据官方数据显示，好看视频已覆盖超过 8 亿用户，人均单日使用时长高达 80 分钟。图 1-8 所示为好看视频平台中的短视频。

图 1-6 抖音平台中的短视频 图 1-7 快手平台中的短视频 图 1-8 好看视频平台中的短视频

小贴士

很多互联网公司旗下有多个短视频平台，所以也可以根据企业的隶属关系来划分短视频平台，目前主要有头条系（北京抖音信息服务有限公司主导，旗下短视频平台有抖音、西瓜视频等）、快手系（北京快手科技有限公司主导，旗下短视频平台有快手、快手极速版等）、腾讯系（腾讯公司主导，旗下短视频平台有微信视频号、腾讯微视等）和百度系 [百度在线网络技术（北京）有限公司主导，旗下短视频平台有好看视频、度小视等]。

↘（四）短视频的类型

短视频最吸引用户关注的还是内容，目前短视频可以按照生产方式和内容来分类。

1. 按照生产方式分类

按照生产方式，短视频可以分为用户生产内容、专业用户生产内容和专业机构生产内容 3 种类型。

● **用户生产内容（User Generated Content，UGC）**：这种类型的短视频的拍摄和制作通常比较简单，制作的专业性和成本较低，内容表达涉及日常生活的各方面且碎片化程度较高。但是，这类短视频的社交属性更强，商业运营价值较低。短视频平台中大部分创作者在初期会发布此类短视频，只有在获得一定数量的粉丝之后才会发布其他专业性更强的短视频内容。图1-9所示为UGC短视频，是由普通抖音用户创作的日常生活短视频。

● **专业用户生产内容（Professional User Generated Content，PUGC）**：这种类型的短视频通常是由在某一领域具有专业知识或技能的用户，或具有一定粉丝基础的网络达人（达人是指通过创作优质内容吸引大量粉丝、拥有较高影响力的用户）或团队所创作，内容多是自主编排设计。这类短视频有较高的商业价值，主要依靠转化粉丝流量来实现商业盈利，兼具社交属性和商业属性。图1-10所示为PUGC短视频，是由短视频达人创作的美食探店类短视频。

● **专业机构生产内容（Partner Generated Content，PGC）**：这种类型的短视频通常由专业机构或企业创作并上传，对制作的专业性和技术性要求比较高，且制作成本也较高。这类短视频主要依靠优质内容来吸引用户，具有较高的商业价值和较强的媒体属性。例如，图1-11所示为PGC短视频，是由人民日报创作的宣传中华传统文化的短视频。

图1-9　UGC短视频　　　图1-10　PUGC短视频　　　图1-11　PGC短视频

2. 按照内容分类

按照主流短视频平台中的短视频内容，可以将短视频分为以下17种类型。

● **美食类短视频**：美食类短视频是指短视频内容以美食制作、展示和知识分享为主，其细分类型包括菜谱分享、美食教程、烹饪技巧分享、美食评测、美食介绍、美食推荐和美食探店等。

● **汽车类短视频**：汽车类短视频是指短视频内容以讲解汽车的相关知识和应用为主，其细分类型包括看车、选车、买车、用车、卖车、学车和汽车周边等，图1-12所示为汽车评测短视频。

● **时尚类短视频**：时尚类短视频是指短视频内容以展示时尚内容为主，其细分类型包括穿搭、美发、美容、彩妆、护肤和时尚资讯等。

● **"三农"类短视频**："三农"类短视频是指短视频内容以展示农业、农村和农民相关内容为主，其细分类型包括乡野风景、赶海、农村生活、农业技术、农产品和农业资讯等，图1-13所示为农业技术分享短视频。

●**生活类短视频**：生活类短视频是指短视频内容以展示人们的日常生活为主，其细分类型包括生活小技巧、婚礼相关、民间活动、装修设计、家具家电、园艺花艺和手工制作等，图1-14所示为装修设计短视频。

图 1-12　汽车评测短视频　　　图 1-13　农业技术分享短视频　　　图 1-14　装修设计短视频

●**教育类短视频**：教育类短视频是指短视频内容以各种知识的教授为主，其细分类型包括中小学和大学教育、艺术培训、语言和专业技术教育等。

●**健身类短视频**：健身类短视频是指短视频内容以展示健康运动为主，其细分类型包括专业健身、生活健身、健身知识等。

●**游戏类短视频**：游戏类短视频是指短视频内容以展示电脑游戏和手机游戏为主，其细分类型包括游戏视频、游戏直播、游戏解说和游戏达人的日常生活等。

●**影视娱乐类短视频**：影视娱乐类短视频是指短视频内容以电影电视介绍为主，其细分类型包括影视剪辑、影视解说、影视资讯、综艺和脱口秀等。

●**才艺类短视频**：才艺类短视频是指短视频内容以音乐或舞蹈等才艺展示为主，其细分类型包括音乐表演、音乐制作、舞蹈展示和舞蹈教学等。

●**科普类短视频**：科普类短视频是指短视频内容以科学知识科普和科技展示为主，其细分类型包括天文科普、动植物科普、地理科普、自然科普、数理科普、先进科技展示和科学实验演示等，图1-15所示为天文科普短视频。

●**剧情类短视频**：剧情类短视频是指短视频内容以短剧、表演或访谈为主，通过具体的故事表演来吸引用户关注，其细分类型包括情感故事、搞笑表演、短剧、微电影等，图1-16所示为情感故事短视频。

●**动漫类短视频**：动漫类短视频是指短视频内容以展示动画和漫画为主，其细分类型包括动漫介绍、角色扮演、动漫产品和漫展等。

●**旅行类短视频**：旅行类短视频是指短视频内容以展示旅行见闻和旅行攻略为主，其细分类型包括风景和人文建筑介绍、旅行故事、旅行Vlog、旅行注意事项和旅行探店等，图1-17所示为旅行Vlog短视频。

小贴士

视频日志（video blog 或 video log，Vlog）也是一种短视频的内容类型，在很多短视频平台和社交平台中都比较常见，其主要内容就是对自己的日常生活的记录。例如，家人间的趣事、旅行时看到的美景等，很多时候也被划分到生活类或旅行类短视频中。

图 1-15 天文科普短视频　　图 1-16 情感故事短视频　　图 1-17 旅行 Vlog 短视频

● **财经类短视频**：财经类短视频是指短视频内容以财经知识和投资理财为主，其细分类型包括理财、保险、股票、期货、财务活动、财经新闻和财经知识等。

● **亲子育儿类短视频**：亲子育儿类短视频是指短视频内容以亲子之间的情感交流和育儿相关知识分享为主，其细分类型包括儿童教育、亲子交流、儿童生活、婴幼儿用品推荐、母婴育儿知识教授等。

● **时政社会类短视频**：时政社会类短视频是指短视频内容以时事新闻和社会生活为主，其细分类型包括日常社会和时政新闻、政务宣传等。

任务二　了解 AI 工具生成短视频

AI 工具生成短视频是指利用人工智能技术来辅助创作短视频，可以应用到撰写脚本、剪辑短视频、添加音效和后期处理等多个环节。本任务将认识生成短视频的 AI 工具，以及 AI 工具生成短视频的特点和形式，并了解 AI 技术在短视频创作中的作用等知识。

（一）生成短视频的 AI 工具

生成短视频的 AI 工具可以利用人工智能技术帮助用户快速创建短视频内容，涵盖了从撰写脚本到后期处理等短视频创作的多个环节。需要注意的是，AI 工具只是起到辅助作用，最终的短视频创作还是由人类创作者完成，以保持短视频的独创性和深度。

1．撰写脚本

用于撰写脚本的 AI 工具主要有 AI 写作宝、聪明灵犀、文心一言等。这类 AI 工具通常具备以下功能。

- 主题和关键词生成：根据用户输入的要求，生成脚本写作的主题和关键词。
- 结构化脚本：帮助用户构建脚本的基本结构。
- 自动写作：根据用户提供的短视频结构或大纲自动填充内容并生成完整的脚本。
- 语言润色：修改和加工已有的脚本，提升语言的可读性和吸引力。
- 风格适配：根据短视频的目标受众和风格要求，调整脚本的语调和风格。
- 创意激发：通过用户提供不同的创意角度，帮助创作者打破创作瓶颈。
- 个性化定制：根据用户的个性化需求，定制生成特定的脚本。

2．剪辑短视频

用于剪辑短视频的 AI 工具主要通过算法进行镜头切换、场景选择、音效处理、特效添加等操作，用户可以通过输入关键词或上传图片等方式来快速合成短视频。这类 AI 工具主要提供数字人生成、视频生成和视频编辑等功能。

- 数字人生成：腾讯智影、讯飞智作、必剪等AI工具具有将文本转换为具有真实感的虚拟数字人播报，或者从用户提供的照片或视频中生成一个与之相似的数字人物分身的功能，常用于制作新闻播报、虚拟偶像等内容的短视频。
- 视频生成：Sora、即梦等AI工具可以根据用户输入的文本、图片、音乐等内容，快速生成高质量的短视频作品。
- 视频编辑：剪映、360AI等AI工具具有丰富的视频编辑和特效编辑功能，用户可以通过这类AI工具对视频素材进行合并、分割、调色等编辑操作。

3．添加音效

用于添加音效的 AI 工具可以高效、精准地处理音频文件，实现自动剪辑、优化和增强音效效果。这类 AI 工具主要提供语音合成、音效生成和音频处理等功能。

- 语音合成：讯飞配音、魔音工坊等AI工具支持将文本转换为自然流畅的语音，不仅支持多种语言和语音类型，还能调整语速、语调和声音年龄等参数，以适应不同的使用场景。
- 音效生成：Suno、网易天音等AI工具能够根据用户的描述生成各种声音效果、乐曲和歌曲。
- 音频处理：魔音工坊、腾讯 TEM Studio等AI工具提供降噪、混响、均衡器等基本音频处理功能，以及更高级的音频修复和增强技术，可用于对现有音频素材进行编辑、优化和增强。

4．后期处理

用于后期处理的 AI 工具主要是帮助用户高效地完成字幕添加、片头和片尾制作等工作。

- 字幕添加：腾讯智影、剪映等AI工具不但能够自动生成字幕，还能根据语速自动调整字幕滚动速度，并且支持文本配音功能，能够轻松地为短视频添加字幕。

● **片头和片尾制作**：万兴天幕、万彩特效大师等AI工具不仅支持特效制作，还提供了多种模板，用户只需要输入文本内容，就能自动生成对应的片头和片尾。

（二）AI 工具生成短视频的特点

AI工具生成的短视频在时长、风格、帧率和画面等方面都具有灵活性，能够根据具体需求和应用场景进行调整和优化。同时，AI技术还能够模拟和学习各种艺术风格和视觉效果，为短视频创作提供更多的创意和可能性。

● **时长**：AI工具支持生成任意时长的视频，但考虑到编辑效率和观众的观看体验，AI工具生成的短视频通常应控制在几十秒到几分钟之间。

● **风格**：通过机器学习和深度神经网络等技术，AI工具可以分析和理解大量不同的艺术风格，并学习这些风格的关键视觉元素，然后将其应用到生成的短视频中。此外，用户也可以指定需要模拟的艺术风格，或提供参考资料，AI工具将根据这些内容生成具有相应风格特征的短视频。另外，AI工具生成短视频还可以增强或创造各种视觉效果，如添加特效、调整色彩、对比度和饱和度等。

● **帧率**：AI工具生成的短视频在帧率上通常会根据发布平台的要求和观众的观看习惯，以及短视频的应用场景进行调整。例如，对于需要展现高速运动的短视频，可以选择较高的帧率（如60FPS），以提供更平滑和流畅的视觉感受；对于剧情、生活等场景的短视频，可以选择较低的帧率（如25FPS），以营造电影感的视觉效果。

● **画面**：AI工具生成短视频的画面包含图片、视频、动画等多种内容形式，效果更加丰富和多元化，图1-18所示为AI工具生成的端午节短视频。

图 1-18　AI 工具生成的端午节短视频

（三）AI 工具生成短视频的形式

AI工具生成短视频涵盖文本生成短视频、图片生成短视频和视频生成短视频3种主要形式，每种形式都有其独特的应用和技术特点。

1. 文本生成短视频

文本生成短视频是指 AI 工具利用自然语言处理技术将文本内容转化为短视频。目前，市面上剪辑短视频的 AI 工具基本都具备文本生成短视频的功能，可以根据输入的文字自动识别关键词，从海量素材库中选取合适的图片和视频片段，并通过智能剪辑和拼接技术，快速生成高质量的短视频。

【例 1-1】下面使用剪映的 AI 功能，为即将高中毕业的学生生成一个励志短视频，时长为一分钟左右，主题为"毕业启航，青春无畏！"

① 在计算机中启动剪映专业版，在主界面中选择"图文成片"选项。

② 打开"图文成片"界面，先选择"励志鸡汤"作为文案模板，然后设置文案的主题、话题和视频时长，单击"生成文案"按钮，此时右侧界面中将自动生成短视频文案，在"生成视频"按钮左侧选择短视频配乐的类型，单击"生成视频"按钮，在弹出的列表框中选择"智能匹配素材"选项，如图 1-19 所示。

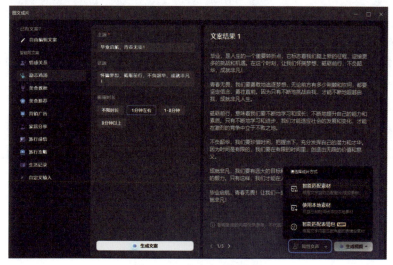

图 1-19 文本生成短视频

③ 剪映将根据文案自动生成短视频，并在剪映的视频编辑主界面中显示短视频的所有素材和最终效果。

2. 图片生成短视频

图片生成短视频是指 AI 工具使用图像处理技术，将静态图片转换成动态短视频，常应用于一些难以拍摄的场景，如历史重现、构建科幻场景等，让观众更加直观地了解这些场景的动态变化。另外，大部分剪辑短视频工具还可以根据需求调整短视频的帧率、分辨率等参数。

【例 1-2】下面使用剪映的 AI 功能，将多张在烟台海边拍摄的图片生成 1 分钟左右的烟台旅行短视频。

① 在计算机中启动剪映专业版，在主界面中选择"图文成片"选项。

② 打开"图文成片"界面，先选择"旅行感悟"作为文案模板，然后设置旅行地点、

话题和视频时长，单击"生成文案"按钮，在"生成视频"按钮左侧选择短视频配乐的类型，单击"生成视频"按钮，在弹出的列表框中选择"使用本地素材"选项。

③ 打开剪映的视频编辑主界面，在"媒体"面板的"本地"列表框中单击"导入"按钮，在打开的对话框中选择导入的所有图片，然后在"本地"列表框中选择所有图片（配套资源:\素材文件\项目一\），单击图片右下角的"添加到轨道"按钮，将所有图片全部添加到视频轨道中，如图 1-20 所示。

图 1-20　图片生成短视频

④ 在"播放器"面板中单击"播放"按钮，可以看到这些图片生成的旅行短视频（配套资源:\效果文件\项目一\图片生成短视频 .mp4）。

3. 视频生成短视频

视频生成短视频是指将一个或多个视频导入剪辑短视频 AI 工具，通过 AI 技术自动识别视频内容的主题和意义，并学习不同的视频的艺术风格和剪辑技巧，自动剪辑、拼接成新的短视频。大部分剪辑短视频的 AI 工具都具备视频生成短视频的功能，可以通过智能识别技术，自动识别视频中的关键帧、镜头切换点等信息，并自动进行剪接和组合。此外，还有一些基于深度学习的视频生成 AI 工具，如 Sora 等，这类工具可以通过分析和学习大量短视频内容和数据，自动预测视频的下一个镜头内容，最后自动生成完整的短视频。

↘（四）AI 技术在短视频创作中的作用

AI 技术的应用极大地提高了短视频创作的效率和质量，降低了创作门槛，提升了用户体验。

● 辅助内容生产：AI技术能够快速分析大量数据，为创作者提供创意灵感和素材推荐。在短视频制作过程中，AI 工具能够自动化地完成诸如颜色校正、音频增强、字幕生成等工作，让创作者有更多时间专注于短视频的创意展现和内容优化。

● **提升用户体验**：AI技术可以分析用户的观看行为和喜好，为其推荐更符合其兴趣的短视频，提高其观看满意度。AI技术还可以对短视频的播放质量和流畅度进行优化，确保用户在不同设备和网络环境下都能获得良好的观看体验。

● **降低创作门槛**：AI技术的普及使得短视频创作变得更加简单和便捷，即使是没有专业知识和技能的用户，也可以利用AI工具快速生成高质量的短视频。另外，AI技术还为创作者提供大量模板和预设效果，帮助他们快速构建出具有专业感的短视频，降低创作门槛，让更多人能够参与到短视频创作中来。

任务三 认识短视频团队

短视频团队是一个由一群具备不同专业技能和创意的成员组成的协作单元，通过团队协作来创作出高质量的短视频，以吸引和满足目标用户的需求。本任务将了解短视频团队成员的基本要求，团队岗位设置及类型，以及短视频团队的运作。

（一）团队成员的基本要求

短视频团队是一个集内容创作、短视频拍摄和剪辑、运营推广于一体的综合性团队，团队成员应该具备以下基本工作能力。

1. 内容创作能力

短视频的内容是其核心竞争力，内容创作也是创作短视频时的主要工作之一。如何制作出有创意、有看点，且能吸引用户注意力的内容是短视频团队需要重点考虑的问题。同时，短视频账号需要保持一定的发布频率才能持续获得用户的关注，这就对团队的内容创作能力提出了较高的要求，但由于个人的创作能力有限，所以往往需要集思广益，团队中的所有成员都应具备一定的内容创作能力。

2. 短视频拍摄和剪辑能力

大多数短视频创作的预算不多，所以，团队中每个成员都需要负责多项工作并掌握多项技能。例如，短视频拍摄和剪辑能力。短视频拍摄和剪辑通常属于专业性比较强的工作，但为了节约创作成本，需要短视频团队的所有成员都具备一些基本的视频拍摄和剪辑技能。例如，使用手机或相机拍摄短视频，使用剪映等软件对短视频进行简单的处理，并能将其发布到短视频平台等。

3. 运营推广能力

短视频的发布运营推广与产品的市场推广类似，这项工作通常由专业的营销人员负责，但也需要团队的其他成员通过点赞或转发等方式，向身边的朋友或关注自己的用户推广该短视频。

（二）团队岗位设置及类型

短视频创作流程主要包含策划、拍摄和剪辑3个主要模块，短视频团队也可以根据这3个模块的具体工作需求设置岗位。

1. 短视频团队的岗位设置

一个专业的短视频创作团队主要包含编剧、导演、演员、摄像、剪辑、运营以及助理等岗位，下面分别进行介绍。

（1）编剧

编剧的主要工作是确定选题，搜寻热点话题并撰写脚本。编剧在短视频团队中的主要工作职责包括以下 3 点。

- 根据短视频内容的类型和定位，收集和筛选短视频的选题。
- 收集和整理短视频创意。
- 撰写短视频脚本。

短视频团队对编剧岗位的要求通常包括以下 8 点。

- 具备独立创作短视频脚本的能力，最好有成熟的作品。
- 了解短视频的主流平台和相关渠道。
- 熟悉网络文化，具备捕捉网络热点的能力。
- 能够从网上收集和归纳各种内容素材。
- 最好毕业于影视和文学创作专业，熟悉影视剧和脚本的创作流程。
- 具备一定的文字欣赏、分析和写作能力。
- 对流行时尚内容元素有敏锐的反应能力。
- 能够使用 AI 工具辅助创作短视频脚本。

（2）导演

导演在短视频团队中起到的是统领全局的作用，短视频创作的每一个环节通常都需由导演来把关。导演在短视频团队中的主要工作职责包括以下两点。

- 负责短视频拍摄及后期剪辑，能通过镜头语言充分表达短视频脚本。
- 拍摄工作的现场调度和管理。

短视频团队对导演岗位的要求通常包括以下 3 点。

- 能够熟练运用手机、相机进行独立拍摄，并具备场景搭建、布光和剪辑等方面的能力。
- 有一定的短视频拍摄相关工作经历，参与过短视频的拍摄工作。
- 具备一定的现场指挥能力，并能够熟练使用专业的短视频剪辑和制作软件。

（3）演员

演员也是短视频团队中不可或缺的一个角色。凭借着独特的主角人物设定，以及演员在语言、动作和外在形象等方面的呈现，可以打造出具有特色的人物形象，从而加深用户印象。演员在短视频团队中的主要工作职责包括以下 3 点。

- 根据编剧创作的短视频脚本，完成短视频剧情的表演。
- 在外拍或街拍时，完成与观众或路人的互动。
- 在短视频创作过程中根据表演经验提供有价值的建议，增加短视频的吸引力。

短视频团队对演员岗位的要求通常包括以下 4 点。

- 需要有极佳的外形条件和气质，至少有一定的辨识度。
- 需要毕业于演艺或相关专业，口齿清晰，普通话标准，或者能掌握特殊方言。

● 具备一定的演艺经验，擅长表达，且有极强的镜头感。

● 性格活泼开朗，遵纪守法，能够维持正面形象。

（4）摄像

摄像的主要工作是拍摄短视频，搭建摄影棚，以及确定短视频拍摄风格等。专业的摄像在拍摄时会使用独特的手法，使短视频呈现出独特的视觉感官效果，图 1-21 所示为摄像工作场景。摄像在短视频团队中的主要工作职责包括以下 4 点。

图 1-21　摄像工作场景

● 与导演一同策划拍摄的场景、构图和景别等。

● 熟悉手机、相机等拍摄器材的使用方法，能独立完成或指导其他工作人员完成场景布置和布光等操作。

● 按照短视频脚本完整地拍摄短视频。

● 编辑和整理拍摄的所有视频素材。

短视频团队对摄像岗位的要求通常包括以下两点。

● 具备影视剧或短视频拍摄的工作经验，对时尚和潮流有一定的敏锐度。

● 有较强的美术和摄影功底，对颜色、构图等视觉表达有自己的独特见解。

（5）剪辑

剪辑需要对最后的成片负责，其主要工作是把拍摄的短视频素材组接成视频，涉及配音配乐、添加字幕、调色以及特效制作等工作。好的剪辑能起到画龙点睛的作用；反之，则会严重影响成片效果。剪辑在短视频团队中的主要工作职责包括以下两点。

● 整理短视频素材，设计剪辑流程。

● 根据短视频脚本的要求独立完成相关短视频的后期剪辑工作，包括视频剪辑、特效制作和音乐添加等。

短视频团队对剪辑岗位的要求通常包括以下 3 点。

● 具备一定的创意和策划能力，能从剪辑的角度就脚本撰写给予编剧帮助。

● 熟悉常用的短视频剪辑与制作软件，以及AI剪辑短视频工具。

● 能够较好地把握短视频内容的主题创意、质感和节奏等。

（6）运营

运营的工作主要是针对不同平台及用户的属性，引导提升用户对短视频内容的期待度，尽可能提高短视频的完播量、点赞量和转发量等数据，以及进行用户反馈管理、评论维护等工作。这些工作都有利于提高用户活跃度，使得短视频账号更容易得到平台的推荐。运营在短视频团队中的主要工作职责包括以下4点。

● 负责各个平台中短视频账号的运营。

● 根据短视频账号的发展方向和目标规划短视频账号的运营重点和内容主题。

● 与一些短视频达人联系并促成合作。

● 负责与用户互动，并提升用户的黏性。

短视频团队对运营岗位的要求通常包括以下4点。

● 具备短视频运营的经验。

● 具备较强的文案写作和创意能力，能够独立完成短视频账号的整体规划和内容输出。

● 熟悉各大短视频平台的内容发布机制和运营规则，保证短视频账号的正常运营。

● 具有良好的团队意识，工作积极负责。

（7）助理

助理岗位可细分为灯光、配音、录音、化妆造型和服装道具等，通常出现在预算比较充裕的短视频团队中，其职责是辅助拍摄和剪辑，提升短视频的输出质量。

● 灯光：负责搭建摄影棚，运用明暗效果进行巧妙的画面构图创作出各种符合短视频格调的光影效果，以保证短视频内容的画面清晰、主体突出。

● 配音：根据要求为短视频中的角色配上声音或使用其他语言代替原片中角色的语言对白，以及使用AI工具为短视频配音。

● 录音：负责根据导演和脚本的要求完成短视频拍摄时的现场录音。

● 化妆造型：负责根据导演和脚本的要求给演员化妆和设计造型。

● 服装道具：负责根据导演和脚本的要求准备好服装以及短视频中可能使用到的道具。

小贴士

为了提升短视频的输出质量，在创作一些PUGC和PGC短视频时，还可能会出现监制、制片人、副导演、场务等岗位。

2. 短视频团队的类型

短视频团队的岗位设置通常由预算和具体的内容定位来决定。例如，资金充足时，或者拍摄系列短视频时，都可以搭建分工明确的多人团队。按照岗位的数量，短视频团队可分为高配、中配和低配3种类型。

● 高配团队：高配团队人数较多，通常有8人或以上，团队中每个成员都有明确的分工，有效把控每一个环节，当然产出的短视频质量也较高。高配团队通常包括编剧、导演、演员、摄像、剪辑、运营、助理等岗位。

● 中配团队：中配团队人数通常低于8人，以5人的配备最为普遍，其岗位包括编导、演员、摄像、剪辑和运营。其中，编导就是导演和编剧的合二为一，灯光由摄像兼任，配音和录音等由剪辑兼任。

●**低配团队**：低配团队人数很少，甚至只有一人，此时整条短视频的策划和制作均由一个人完成。低配团队要求个人具备策划、摄像、表演、剪辑和运营等多种能力。

（三）短视频团队的运作

短视频团队搭建完成后，其基本运作方式是将具体的工作进行细分，让每一位团队成员都能够清晰地明确自己的职责，并且高效执行。通常一个专业的短视频团队的工作流程主要包括策划与筹备、拍摄、剪辑和运营 4 个阶段。

1. 策划与筹备

策划与筹备阶段主要是为中后期的短视频拍摄和剪辑做准备工作，这一阶段的主要工作包括明确选题、撰写和确定短视频脚本、准备资金。

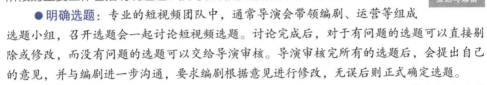

策划与筹备

●**明确选题**：专业的短视频团队中，通常导演会带领编剧、运营等组成选题小组，召开选题会一起讨论短视频选题。讨论完成后，对于有问题的选题可以直接剔除或修改，而没有问题的选题可以交给导演审核。导演审核完所有的选题后，会提出自己的意见，并与编剧进一步沟通，要求编剧根据意见进行修改，无误后则正式确定选题。

●**撰写和确定短视频脚本**：撰写和确定短视频脚本是短视频团队工作中较重要的一个步骤，一个好的短视频脚本是创作出热门短视频的关键。短视频脚本一般由编剧撰写，写作时可以根据热门短视频或故事、段子等改编。撰写完的短视频脚本还需要经过客户、导演和编剧的共同确认。

●**准备资金**：根据短视频的规模、制作要求和预期效果，制订详细的预算计划，包括设备租赁、场地租赁、人员薪酬、后期制作等费用。

> **小贴士**
>
> 一些专业的短视频制作团队有一套比较标准的策划与筹备工作流程，可登录人邮教育社区查看详情。

2. 拍摄

拍摄是短视频团队工作流程中十分重要的阶段，起着承上启下的作用。拍摄阶段是在策划与筹备阶段的基础上进行短视频的实际拍摄，为后面的剪辑阶段提供充足的短视频素材，为最终的短视频成片奠定基础。

拍摄阶段的主要工作人员有导演、摄像和演员。导演需要安排和引导演员、摄像的工作，并处理和控制拍摄现场的各项工作；摄像则负责根据导演和短视频脚本的安排，拍摄好每一个镜头；演员则需要在导演的指导下，完成短视频脚本中设计的所有表演。另外，拍摄过程中诸如灯光、道具和录音等工作也需要辅助人员全力配合。

3. 剪辑

拍摄完成后，就可以进入剪辑阶段。在该阶段，剪辑要使用专业的视频剪辑软件完成后期剪辑，包括剪辑、配音、调色、添加字幕和特效等具体工作，最终制作成一个完整的短视频作品。通常，短视频的剪辑有以下 5 个步骤。

● **整理短视频素材**：整理和编辑拍摄阶段拍摄的所有短视频素材，可按照时间顺序或短视频脚本中设置的剧情顺序排序，还可以将所有短视频素材编号归类。

● **设计工作流程**：熟悉短视频脚本，了解短视频脚本中对各个镜头和画面效果的要求，并按照整理好的短视频素材，设计剪辑工作的流程，并注明工作重点。

● **粗剪**：观看所有整理好的短视频素材，从中挑选出符合短视频脚本需求，并且画质清晰且精美的视频画面，然后按照短视频脚本顺序重新组接，使画面连贯、有逻辑，形成第一稿短视频。

● **精剪**：在第一稿短视频的基础上，进一步分析和比较，剪去其中多余的视频画面，并对视频画面进行调色，添加滤镜、特效和转场等效果，增强短视频的吸引力，进一步突出内容主题。

● **成片**：短视频精剪后，可以对其进行一些细小的调整和优化，然后添加字幕，并配上背景音乐（Backgroud Music，BGM）或旁白解说，最后再为短视频添加片头和片尾，完成短视频的制作。

4. 运营

短视频团队的运营工作包括发布短视频、推广短视频和数据统计 3 项。

● **发布短视频**：运营收到短视频之后，需将其发布到各个短视频平台，并根据短视频的内容和特点来确定宣传文案，以吸引更多的用户观看。

● **推广短视频**：运营可根据短视频平台的推广机制，选择合适的引流方法，吸引更多的用户观看短视频。

● **数据统计**：在短视频正式发布后，运营需要实时关注短视频的相关数据，定期统计数据并制作数据报表，根据数据表现找到短视频存在的问题，并将相关结论发送给短视频团队的其他成员，以调整下一期短视频的内容。

小贴士

短视频发布到短视频平台后，平台通常会有专门的部门对短视频进行审核，审核通过后才能正式发布，此时短视频才能被用户看到。

课后实训——搭建新农村短剧的短视频团队

【实训目标】

本次实训将搭建一个专注于新农村短剧制作的短视频团队。通过实训，理解 AI 工具在短视频创作中的应用场景和优势，掌握搭建短视频团队的方法。

【实训思路】

第一步：借助AI工具制定搭建方案

选择一个能够用于方案创作的 AI 工具，通过设置具体要求，由 AI 工具自动生成搭建短视频团队的方案，生成后可以根据需要优化方案内容。

第二步：参考方案搭建团队

参考 AI 工具的搭建团队方案，细化具体的工作，先明确短视频团队的具体工作目标，并定位短视频风格，然后设定短视频团队中的各个岗位，并明确岗位的具体工作，最后，通过选拔完成短视频团队的搭建。

【实训操作】

↘（一）借助 AI 工具制定方案

为了提升工作效率，下面先借助 AI 工具制定搭建团队的方案，具体步骤如下。

① 选择 AI 工具。制定方案主要以文本内容为主，因此可以使用文本生成类 AI 工具，这里选择文心一言。

② 制定方案。打开文心一言界面，在文本框中输入提问，这里输入"月波村要组织村民拍摄新农村短剧的短视频，请为其制定如何搭建短视频团队的方案"，按【Enter】键，文心一言将自动生成方案内容，部分生成内容如图 1-22 所示（配套资源：\ 效果文件 \ 项目一 \ 搭建团队方案 .docx）。

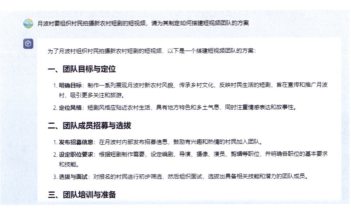

图 1-22　AI 生成方案的部分内容

↘（二）参考方案搭建团队

下面将参考运用 AI 工具制定的方案来搭建团队，具体步骤如下。

① 明确团队目标。创作系列短剧《月波村的四季》，需要拍摄 4 个以月波村为背景，通过 4 个季节的变换，展现月波村的自然风光、乡村文化以及村民生活的短视频。在每个季节拍摄一个短视频，每个短视频通过不同的故事和场景，展现月波村的独特魅力和乡村生活的美好。以此宣传和推广月波村，提升月波村的知名度，吸引更多关注和游客。

② 定位风格。短剧风格应贴近农村生活，具有地方特色和乡土气息，同时注重情感

表达和故事性，最好有一定的喜剧元素。

③ 发布招募信息。在月波村村民委员会的宣传栏发布招募信息，鼓励有兴趣和热情的村民加入团队，并通过村委会广播进行宣传，确保所有村民都知晓。

④ 设定岗位要求。由于《月波村的四季》短剧是在月波村拍摄，由村民自主创作和拍摄，所以设定以下6个岗位。

● **制片人（村长或村民代表，1人）**：要了解月波村的资源和条件，有良好的组织协调能力和责任心，能够负责整个短视频创作的筹备、资源协调和进度管理。

● **导演（有导演兴趣或经验的村民，1人）**：要对影视制作有浓厚兴趣，有一定的自学能力，能够理解和传达脚本意图，辅助统筹拍摄和指导演员进行拍摄。

● **编剧（有写作基础的村民，1~3人）**：熟悉月波村的生活和文化，能够独立撰写或在AI的帮助下撰写贴近村民生活、情感真挚的短视频脚本。

● **摄像（对摄像有兴趣的村民，2人）**：能使用手机拍摄短视频，掌握基础的摄像技巧。

● **演员（愿意参与的村民，若干）**：有表演热情，且愿意参演。

● **剪辑师（有电脑基础或自学能力的村民，2~3人）**：能够使用计算机，并能学习使用剪辑软件，将拍摄素材剪辑成完整的短视频。

⑤ 选拔与面试。对报名的村民进行初步筛选，然后组织面试，选拔出具备相关技能和潜力的团队成员。其中，需要首先确定编剧的人选，最终选择3人，然后由3人分别创作一版短视频脚本，并同选拔出来的制片人和导演一起选择其中一版作为最终版本，再经过修改和润色，确定最终的短视频脚本，然后根据确定的短视频脚本，为角色确定演员。

⑥ 完成团队搭建。搭建好短视频团队后，接下来需要对团队成员进行基础技能培训，如摄像技巧、剪辑技巧、表演技巧等，提高团队整体制作水平。最后需要制订详细的工作流程和时间表，确保每个环节都按时完成，保证短视频创作的进度。

课后练习

试着组建一个短视频团队，以拍摄学校日常学习生活为主要内容，首先设计具体的岗位，并列出岗位要求，最后列出短视频团队的相关工作流程。

项目 二
策划与筹备短视频

案例导入

  某地文化和旅游局策划拍摄一个宣传端午节传统文化的短视频，并发布到抖音平台，以此弘扬传统文化，同时也能展示地方特色，促进旅游与文化的深度融合，从而吸引更多外地游客的关注。

  该文化和旅游局在策划和筹备短视频时，首先明确了短视频的传播目标和受众群体。接着，深入研究了我国端午节的传统文化内涵和地方特色，并将两者紧密结合以此确定短视频的核心内容。在短视频风格方面，选择既符合传统文化氛围又满足现代大众审美需求的表现形式。在筹备阶段，不仅准备了高质量的拍摄器材，还选取富有地方特色的拍摄场景，并精选了合适的道具。同时，邀请有经验和创造力的导演和演员参与制作，以确保短视频的视听效果。此外，还制订了详细的预算计划，以确保项目在预算范围内顺利推进。通过以上精心策划和周全的筹备，最终这个短视频获得了大量用户、粉丝的点赞和转发。

学习目标

● 学会策划短视频。
● 掌握撰写短视频脚本的方法。
● 熟悉短视频拍摄的筹备工作。

任务一　策划短视频

策划短视频的核心目的在于吸引用户的注意力，通过精心策划的视频内容触动用户，从而激发用户观看短视频并积极互动，同时促使用户转化为忠实粉丝，最终促进短视频的广泛传播。为了更好地实现这一目标，本任务将指导大家如何系统地进行短视频策划。

↘（一）定位用户类型

用户是短视频创作的基础，任何短视频创作的前提都是获得用户的喜爱。所以，短视频创作者在进行短视频策划时，首先需要定位用户类型，具体包括收集用户的基本信息、归纳用户的特征属性、整理用户画像，以及推测用户的基本需求。

1. 收集用户的基本信息

用户的基本信息是指短视频用户在网络上观看和传播短视频的各种数据，通过收集这些数据可以归纳出短视频用户的特征属性、整理用户画像和推测用户的基本需求等，所以，也可以把这些用户的基本信息称为用户特征变量，主要包括以下 4 个方面。

●**人口学变量**：人口学变量包括用户的年龄、性别、婚姻状况、教育程度、职业和收入等。通过分类这些人口学变量，可以了解每类用户对短视频内容的需求差异。

●**用户目标**：用户目标是指用户观看短视频过程中各种行为的目的。例如，用户使用某款短视频App的目的，特别关注剧情类短视频的目的等。了解不同目标的用户，有助于查找目标用户。

●**用户使用场景**：用户使用场景是指短视频用户在什么时候、什么情况下观看短视频的相关信息，通过这些信息可以了解用户在各类使用场景下的偏好或行为差异。

●**用户行为数据**：用户行为数据是指用户在观看短视频过程中的各种行为特征。例如，观看短视频的频率和时长，短视频购物的客单价等。通过收集这些用户行为数据，可为短视频的内容定位和脚本创作提供数据支持。

> **小贴士**
>
> 　　态度倾向量表也可以用于用户基本信息的收集。态度倾向量表是一种较为客观的测量用户态度倾向的工具，常用的态度倾向量表数据信息包括用户的消费偏好和价值观等，创作者可以从中归纳出不同价值观、不同生活方式的用户群体在消费取向或行为上的差异。

2. 归纳用户的特征属性

在收集了短视频用户的基本信息后，就可以分析这些信息并归纳用户的特征属性，从而实现对短视频用户的定位。归纳用户特征属性的数据可以从专业数据统计机构发布的报告中获取，如 QuestMobile 发布的新中产用户人群洞察报告、巨量算数发布的抖音用户画像报告等。用户的特征属性通常包括以下项目。

● **用户规模**：用户规模是指某行业、领域中的用户数量，用户规模越大，说明该行业、领域的商业盈利能力和发展潜力越大。

● **日活跃用户数量**：日活跃用户数量（Daily Active User，DAU）通常用于统计一日（统计日）之内，登录或使用了某平台的用户数量（去除重复登录的用户）。在短视频领域，日活跃用户数量是指使用短视频平台的每日活跃用户数量的平均值，能够反映短视频平台的运营情况、用户黏性。

● **使用频次**：使用频次是指使用短视频平台的频率和次数，根据这个数据能够判断出用户对于短视频平台的喜爱程度和对短视频的关注程度。

● **使用时长**：使用时长是指短视频平台界面处于激活状态的时间，通常以日使用时长为单位。

● **性别分布**：性别分布可以反映不同性别的用户对于短视频的关注和喜爱程度。

● **年龄分布**：年龄分布可以反映不同年龄的用户对短视频的偏好和认知程度。

● **地域分布**：地域分布可以通过不同省、市或地区的用户规模，反映用户的文化程度和对短视频的审美偏好等。

● **活跃度分布**：活跃度分布可以反映用户黏性，分析用户的活跃度可以按一天24小时进行数据统计，也可以根据工作时间和节假日的不同时间段进行数据统计。

3. 整理用户画像

在归纳了用户的特征属性后，就可以将这些信息整理成一个完整的短视频用户画像。这里的用户画像其实就是根据用户的属性、习惯、偏好和行为等信息抽象描述出来的标签化用户模型。在这个大数据时代，获取用户数据最简单、常用的方法就是通过专业的数据统计网站查看。例如，通过专业的短视频数据统计分析平台抖查查、蝉妈妈和灰豚数据等查看用户画像。从用户画像信息中推导出用户偏好的短视频内容类型，再针对用户偏好策划选题，可以有效地促进用户增长，提升内容定位的精准度。

【例 2-1】长沙的王女士要在抖音中分享美食类短视频，需要通过专业的短视频数据网站整理该领域短视频达人的用户画像来精准定位自己的用户群体，具体操作如下。

① 打开对应的数据统计网站，这里打开灰豚数据网站，在左侧的列表框中选择"达人－达人排行榜"选项，在右侧的列表框中单击"点赞榜"选项卡。

② 在"达人分类"栏中选择"美食"类型，然后选择一个排名靠前的短视频达人账号，单击该账号对应的选项。

③ 打开该短视频达人的"播主详情"网页，首先看左侧的达人信息，该达人为女性，所在地区为长沙，通过分析发现该达人的基本情况与王女士类似，性别和所在地区均相同。并且在视频中，该达人在做菜时，无论是对食材的精心挑选、烹饪过程中的细致处理，还是调味的精准把握以及时间的合理安排等方面都表现出与王女士高度的相似性。因此，两人创作的美食短视频的用户群体也可能类似。

④ 单击"粉丝分析"选项卡，打开查看该短视频达人的粉丝列表画像，并在网页上

部展示出了该达人的用户关键词，如图2-1所示，另外，还可以查看直播观众画像、视频观众画像和粉丝群等信息。

图 2-1　美食类短视频达人的用户画像

⑤ 在网页中可以查看该达人粉丝的具体信息，包括性别分布、年龄分布、八大人群分布、城市线分布、地域分布、粉丝构成、粉丝活跃时间分布、活跃度分布、粉丝成交类目分布、观众消费水平分布和相似达人等。

⑥ 以该达人的用户定位为参考，王女士在创作内容时可以根据广东、浙江、重庆和上海等地域分布选择南方菜系。例如，川菜、湘菜、粤菜和杭帮菜；针对31～40岁的宝妈，则可以介绍制作简单、快捷的家常菜；针对为孩子制作美食的母亲，还可以介绍外观漂亮且营养丰富的菜品等。

4. 推测用户的基本需求

推测用户的基本需求有助于创作出更有吸引力的短视频，提升用户黏性。短视频用户的基本需求主要有以下5种。

● **获取知识技能**：用户观看短视频时希望获取一定的知识技能，短视频中如果能够加入实用的知识或技巧，就能够满足用户获取知识技能的需求。图2-2所示为专门介绍生活小妙招的短视频，这类短视频的播放量通常较高。

● **获取新闻资讯**：通过短视频获取新闻资讯不仅直观、明了，而且比图文内容更生动、方便。图2-3所示为实时传播各种新闻资讯的短视频，其中有些热点新闻短视频的点赞数在几十万甚至上百万。

● **休闲娱乐**：娱乐性是短视频的主要属性之一，获取娱乐资讯、满足精神消遣也是用户使用短视频的主要目的之一。大部分热门短视频平台发展较快的一大原因就是平台上有大量奇趣精美的短视频满足了用户的娱乐需求。

● **满足自身渴望，提升自我的归属感**：短视频涵盖各方面的内容，具备发布、评论、点赞和分享等社交功能，在满足用户自身渴望的同时，还能满足用户对某种事物或行为的愿望和期待，提升用户的自我认同和归属感。

图 2-2　专门介绍生活小妙招的短视频

图 2-3　实时传播各种新闻资讯的短视频

●**寻求指导消费**：短视频已经成为电商推广和销售产品的主要渠道之一，而通过观看短视频来指导消费也成了一种新的用户需求。用户可以通过短视频达人的推荐以及短视频内容的介绍，对产品的基本信息、优惠信息及购买价值等内容有一个基本的了解，从而决定是否进行消费。

【例 2-2】根据美食类短视频的用户画像，可以分析推测出该短视频的用户需求，并在短视频中加入一些具体内容来满足用户需求。

① 获取知识技能：用户通过观看美食类短视频，可以学习到各种菜品的制作方法、烹饪技巧、食材的挑选和搭配，满足自身对于提升烹饪技能的需求。同时，美食类短视频中常常涉及食材的营养价值、食用方法等，以及不同地域的美食文化、传统习俗等内容的介绍，满足用户对食材知识和文化知识的需求。

② 获取新闻资讯：部分美食类短视频会分享餐饮行业的最新动态、市场趋势等资讯，这对于从事餐饮行业或对此感兴趣的用户来说具有重要的参考价值。

③ 休闲娱乐：美食类短视频可以通过表现诱人的食物来让用户放松心情，得到视觉和心理上的享受。部分美食短视频还会分享创作者的生活故事或情感经历，与用户产生共鸣，提供情感价值。

④ 满足自身渴望，提升自我的归属感：用户通过观看美食类短视频，可以满足对未知美食的好奇心，扩大自己的美食视野。在短视频平台中，短视频创作者可以与其他用户分享自己的美食心得、点评菜品，形成社区互动，增强归属感。

⑤ 寻求指导消费：在美食类短视频中可以介绍相关联美食类产品的基本信息、优惠信息及购买价值等，并让用户可以直接通过短视频中提供的链接进行购买。另外，部分美食类短视频还会分享购物技巧、省钱攻略等内容，为用户提供消费指南，帮助他们做出更明智的消费决策。

↘（二）定位内容方向

不同创作者的知识文化水平、人生经历和兴趣爱好不同，擅长的短视频内容领域也不同，因此，短视频创作者在定位内容方向时，应充分考虑自己的特长和优势，选择与自己特长相关的内容方向进行创作。

1. 个人特长定位

创作者可以根据个人特长来定位内容类型。例如，某创作者是一位平面设计师，精通 Photoshop，并且能够轻松制作各种精美的广告图片。他经过考察后发现，在大多数的短视频平台中，知识技能教学类短视频比较受欢迎，用户黏性也大，且用户付费意愿较强。因此，该创作者根据自己的技能特长，将内容类型定位为知识技能教学内容。严格来说，根据个人特长定位短视频内容类型有以下步骤。

（1）分析自身条件，包括自己所处的城市，自己的知识水平、年龄、爱好、擅长的技能和工作领域，是否能熟练使用各种拍摄设备和视频剪辑软件等。

（2）观看各种类型的短视频，以创作者的角度分析这些具体案例，考虑自己能不能创作同样类型的短视频，并根据自己的特长和知识技能选择几种比较适合自己的内容类型，做出详细的书面分析（形成分析报告）。

（3）根据分析结果找到 2 ~ 3 个短视频内容类型，然后在短视频平台中搜索该类型的优秀达人的账号，观看其发布的短视频，学习和模仿短视频创作。

（4）尝试制作并发布该内容类型的短视频，一段时间后（通常是一到两个月），如果用户关注度和粉丝量没有达到预期，再考虑其他的内容类型。

2. 内容方向选择

除了考虑自己的特长外，在定位时还应选择热门的内容方向，这样更容易获得较高的播放量和粉丝量。以抖音平台为例，用户偏好的短视频内容方向如下。

● **泛娱乐**：音乐、舞蹈、搞笑、剧情短剧等形式的内容，一直保持着高热度，是用户最喜爱的热门方向之一。

● **垂直领域**：在美妆、时尚、旅游、健身等垂直领域，专业内容能满足用户对专业知识和个性化体验的需求。

● **产品推广**：随着直播带货的兴起，产品推广的相关内容也成了短视频的热门方向，创作者可以通过短视频展示产品特点和使用场景，吸引用户关注和购买。

● **知识付费**：短视频与知识付费的结合愈发紧密，创作者分享专业知识、技能教学等内容，吸引用户付费学习。

● **跨界合作**：与其他领域的品牌、机构或个人进行合作，为短视频平台带来丰富多元的内容资源。例如，2024年6月，很多短视频达人参加山东卫视举办的线下水上挑战节目《快乐向前冲》，给短视频平台带来了巨大的热度。

● **演绎、生活、美食类**：这3类短视频的内容主要是对日常生活的记录，或重新编辑后的表演，通常能引起普通用户的共鸣，所以播放量较高。

● **情感、文化、影视类**：这3类短视频的内容能在短暂的时间里触动用户心灵，传递共鸣，展现多元文化的魅力，并带来视觉与情感的双重享受，所以，观看这类短视频内容的用户较多，对应账号的粉丝数量增长较快。

● **特定人群偏好**：不同的人群，对短视频内容一般会有不同的偏好。例如，男性用户偏好军事、游戏、汽车类短视频。女性用户偏好美妆、母婴、穿搭类短视频。"00后"用户对游戏、电子产品、时尚穿搭类短视频偏好度较高。"95后"用户对游戏、电子产品、穿搭类短视频偏好度较高。"90后"用户对影视、母婴、美食类短视频偏好度较高。"80后"用户对汽车、母婴、美食类短视频偏好度较高。

上述内容方向反映出抖音用户偏好多样化，从娱乐到专业领域，从生活方式到知识学习，不同类型的内容都在抖音平台上有着广泛的受众基础。

【例2-3】小蔡是一名专业厨师，他想拍摄一些美食类短视频，下面分析美食类短视频包括的具体内容类型，并根据小蔡的特长给出意见。

① 参考主流短视频平台中的热门美食类短视频，将美食类短视频划分为以下4种具体的内容类型。

第1种：美食制作过程展示类

美食制作过程展示类短视频的内容主要是展示美食制作过程，其呈现形式以主角的肢体动作和语音为主，有时也会有真人全部出镜。根据不同的辅助形式，此类短视频又可以细分为以下两种类型。

○ 美食制作 + 旁白解说：此类短视频通常专注于向用户传授制作美食的方法和技巧，如图2-4所示，画面中可能还会出现主角的手部或脸部。

○ 美食制作 + 背景音乐：此类短视频主要通过优美的背景音乐来增强表现力，但内容同质化较为严重，难以形成个人特色。

第2种：美食评测类

美食评测类短视频中通常会有主角出镜，若主角知名度较高也可被归到美食达人类中。另外，美食评测类短视频中还可以植入美食广告，从而实现内容变现，如图2-5所示。目前，此类短视频的制作重心都在美食的选择和广告推广等方面。

第3种：美食达人类

美食达人类短视频内容通常以美食达人介绍和试吃美食的过程为主，短视频中的美食达人通常有比较鲜明的个人特色，辨识度很高，容易获得用户关注。根据内容侧重点的不同，美食达人类短视频又可以分为创意达人类、乡村达人类和美食家达人类3种细分类型。

○ 创意达人类：创意达人类短视频是指将美食与一些特殊且能够吸引用户关注的元素进行创意搭配，然后以此为内容创作短视频。例如，搞笑内容和美食搭配、达人和美食搭配，以及使用特殊的器物制作和盛装美食等。

○ 乡村达人类：乡村达人类短视频是指以日常乡村生活作为美食短视频的主要内容，通过展示特定的乡村美食，与城市的快节奏生活形成反差，以吸引对乡村生活有美好向往的用户，如图2-6所示。

○ 美食家达人类：美食家达人类短视频是由对美食有自己的独特见解，并能向用户介绍和推荐美食的达人创作的短视频，通常只有美食杂志编辑、美食畅销书作者、专业厨师或资深美食爱好者才能制作这种类型的短视频。

图2-4　美食制作＋旁白解说　　　图2-5　美食评测　　　图2-6　乡村达人类

第4种：街头美食类

街头美食类短视频的内容主要是在逛街过程中展示各种地方的特色美食，内容的核心要素通常包括有趣的主角、美丽的街景、娓娓道来的故事和丰富的美食体验等。制作这类短视频一般需要有充足的经费、能言善辩且风趣幽默的主角，以及内容丰富的脚本。

②具体分析不同类型的美食类短视频的优缺点。

表2-1所示为4种美食类短视频的优缺点对比。

表2-1　4种美食类短视频的优缺点对比

内容类型	优点	缺点
美食制作过程展示	拍摄和制作都比较简单，耗时较短，制作成本较低，非常适合新手	内容的同质化较严重，通常只是简单地展示美食制作过程，没有新意，无法吸引用户的持续关注
美食评测	制作简单，且没有统一的标准，发挥空间较大，比较适合新手	对内容的专业性要求较高，娱乐性较弱，不容易吸引用户的关注
美食达人	主角设定鲜明、有辨识度，容易积累忠实粉丝	需要一个长期的传播和分享过程，对团队和资金方面，以及主角的个人魅力要求都较高
街头美食	新兴内容方向，容易吸引用户的关注	制作成本较高，适合有团队支持或资金充裕的创作者

③为小蔡选定一个具体的内容类型。

在传统方向上，小蔡是一个专业厨师，具备非常强的美食制作能力，以及美食鉴赏能力。作为短视频拍摄新手，最简单的内容类型就是制作美食过程展示，小蔡可以先尝试创作该类型的短视频，在获得一定数量的粉丝后，再试着转型为美食达人类。

在融合创新方面，小蔡也可以积极寻求创新，将多种内容与美食融合在一起，打造更有创意的短视频内容。例如，将美食制作过程展示与传统文化相结合，将美食评测和街头美食相结合等，打造出综合性的美食类短视频。

（三）确定短视频的形式

在完成了短视频的用户和内容定位之后，就需要确定短视频内容的表现形式和视频中人物的呈现形式。

1. 确定短视频内容的表现形式

短视频内容的表现形式是影响短视频受欢迎程度的重要因素，当前比较流行且容易获得用户关注的表现形式主要有以下4种。

● **剧情**：剧情短视频通过一系列事件来讲述一个故事，故事可以虚构或基于真实事件改编。剧情短视频通常是短小精悍的微电影、短剧、情景喜剧或剧情广告，如图2-7所示。剧情短视频的故事情节要紧凑、引人入胜，以及要注意人物角色塑造和对话编写。同时，还要使用合适的场景和道具增加真实感。

● **Vlog**：视频博客（Video Blog，Vlog）短视频是一种通过视频记录和分享日常生活、旅行、活动体验等的博客形式，涵盖从日常生活到专业领域的各种主题，如图2-8所示。这种表现形式通常具有较高的真实性和亲和力，使用户感觉与创作者有更直接的联系。Vlog短视频需要保持内容的真实性和自然性；与用户建立互动，回应评论和反馈；定期更新，保持内容的新鲜度。

● **拼接**：拼接短视频主要通过裁剪和组合不同的视频片段来讲述故事或展示主题，强调视觉效果和节奏感。这种表现形式常见于影视剪辑、游戏集锦、体育精彩瞬间等短视频，如图2-9所示。拼接短视频通常需要选择高质量的视频素材，以及使用创意的拼接手法，提升内容的吸引力。

图 2-7　剧情短视频　　　　图 2-8　Vlog 短视频　　　　图 2-9　拼接短视频

● **口播**：口播短视频通常由一个或多个人物直接面向镜头讲话，分享信息、观点或故事，可以是正式的演讲或非正式的聊天。这种表现形式常见于教育、新闻、评论、教程和个人分享等内容的短视频。口播短视频首先需要确保内容有价值、有教育意义，其次要注意语言表达清晰、有吸引力，以及使用合适的肢体语言和面部表情增强表现力。

2. 确定短视频中人物的呈现形式

人物是大部分短视频的主角，在设计短视频内容时，需要提前设计好人物的呈现形式。常见短视频中人物的呈现形式主要有以下两种。

●**以真人为主**：以真人为主的呈现形式是目前的主流形式。这类短视频往往有更大的创作空间，并形成非常深刻的记忆点。而且，主角本人往往也可以获得较大的知名度，成为短视频达人，并获得一定的影响力和商业价值，如图2-10所示。但以真人为主的短视频形式也存在一定的缺点。如果是组建团队进行短视频创作，就需要考虑签约成熟达人或培养潜力达人，就可能出现成本高昂、时间周期长等问题。而如果由短视频内创作者本人来担任主角，则创作者的表演和外形需要达到要求。

●**以虚拟形象为主**：以虚拟形象为主的短视频需要专业人员设计虚拟形象，通常会花费较大的人力和时间成本。这种呈现形式的短视频具有更高的可控性，创作者能够自己控制整个短视频的内容走向、精准表达情绪并直观简要地推动剧情。而且，精致可爱的虚拟形象也能增加用户好感，促使用户观看并关注短视频。现在比较热门的AI数字人就是虚拟形象的代表。例如，百度AI数字人度晓晓，不但有三维真人虚拟形象，还有二维动画虚拟形象，如图2-11所示。

图 2-10　短视频中的
真人

图 2-11　百度 AI 数字
人度晓晓

小贴士

可以将声音和部分身体的姿态作为短视频的主要内容展示给用户。例如，被遮挡的面部、手部动作等，显著特点就是以声音和部分身体动态作为短视频内容的记忆点，图 2-12 所示的短视频人物就使用了黑色头套遮挡了脸部。

图 2-12　用头套遮挡脸部

小贴士

创作短视频时需要注意版权问题，任何未经授权擅自挪用他人版权视频进行二次加工并获得商业利益的行为都属于侵权行为。创作前需要获得原版权方授权，若没有获得授权，不能将相关短视频用于获取商业用途。

↘（四）AI 工具辅助策划短视频

随着短视频竞争日益激烈，如何确保短视频内容既有创意又能吸引观众，成了一个重要的挑战。AI 工具辅助策划短视频是利用 AI 的强大数据分析和内容生成能力，为短视频内容的策划提供全新的视角和方法。

1. AI工具辅助策划短视频内容

AI 工具辅助策划短视频时，需要通过分析大量的用户数据、市场趋势和竞争情况，为创作者提供有针对性的建议，包括以下具体的项目。

●**数据收集与整合**：从社交媒体、短视频平台、搜索引擎、用户行为记录等渠道收集相关数据，这些数据会被整合到一个统一的数据库中，以便进行后续的分析和挖掘。

●**用户数据分析**：分析用户的观看历史、点赞、评论和分享行为，了解用户的兴趣和偏好。通过用户画像技术，描绘出目标用户的详细特征，如年龄、性别、地域等。

●**市场趋势分析**：追踪和分析当前的市场趋势，包括热门话题、流行元素、行业动态等，利用自然语言处理和文本挖掘技术，从网络中提取关键信息。

●**竞争情况分析**：监测竞争对手的短视频内容、发布频率、互动情况等。通过对比分析，找出竞争对手的优势和不足，为创作者提供差异化的建议。

●**建议生成**：基于用户数据、市场趋势和竞争情况的分析结果，AI工具会生成有针对性的建议。这些建议可能包括用户和内容的精准定位、内容形式的创新等。

值得注意的是，AI 工具的使用并不意味着取代人类的创造力。相反，AI 工具作为辅助工具，能够增强人们的创作能力，使人们能够更加专注于短视频的创意和内容质量。

2. 常用的AI工具

在辅助策划短视频时，可以用到的 AI 工具如下。

●**网络爬虫**：网络爬虫是一种自动化程序或脚本，用于在互联网上自动抓取和收集信息。它可以从社交媒体、短视频平台等渠道抓取用户的观看历史、点赞、评论和分享等用户行为数据，为策划短视频提供信息参考。

●**思维导图AI**：当下很多思维导图工具都开发了AI功能，支持通过AI一键生成思维导图，如亿图脑图AI、TreeMind树图、Boardmix等，为策划短视频提供思路和梳理大纲。

●**蝉妈妈**：蝉妈妈是由厦门蝉羽网络科技有限公司开发的，专注于直播电商领域的数据分析和营销服务平台，它通过大数据和AI技术，为品牌、商家和达人提供一站式营销服务，包括数据分析、内容创作、电商运营等多个方面。此外，蝉妈妈还提供智能找对标、智能找达人、AI创作工具等功能，能为短视频策划提供各种支持。

●**智能创作助手**：Effidit、360AI写作等智能创作助手，能够根据用户的需要，迅速生成符合用户需求的短视频策划内容，如策划书、创意思路等。

任务二　撰写短视频脚本

脚本通常是指表演戏剧、拍摄电影等所依据的底本，而短视频脚本是介绍短视频的详细内容和具体拍摄工作的说明书，通常包含短视频的创意构思、内容框架、镜头运用、音乐选择、文字说明等要素。本任务要了解短视频脚本的功能与写作思路，并通过一些具体的实例来学习撰写不同类型的脚本，以及学会使用 AI 创作脚本。

↘（一）短视频脚本的功能

短视频脚本是短视频内容的发展大纲，可以确定内容的发展方向，有助于呈现出反转、反差或令人疑惑的情节，引起用户的兴趣。此外，短视频脚本还有以下 4 个功能。

● **提高拍摄效率**：短视频脚本的一个重要作用就是提高短视频团队的工作效率。首先，短视频脚本可以让拍摄团队有清晰的目标，形成顺畅的拍摄流程；其次，一个完整、详细的短视频脚本能够让摄像在拍摄的过程中更有目的性和计划性；再次，短视频脚本有助于提前做好准备工作；最后，短视频脚本能为后期剪辑提供依据，提升最终的成片质量。

● **保证短视频的主题明确**：在拍摄短视频之前，通过短视频脚本明确拍摄主题，以保证整个拍摄过程都围绕核心主题进行。

● **降低沟通成本**：短视频脚本可以减少拍摄过程中由于调解分歧和争论产生的沟通成本，让整个拍摄工作更加顺畅。

● **提高短视频创作质量**：短视频脚本可以呈现景别、场景，演员服装、道具、化妆、台词、表情和动作，时间线、转场效果、背景音乐和剪辑效果等，有助于精细刻画视频画面细节，提升短视频创作质量。

↘（二）短视频脚本的写作思路

了解短视频脚本的写作思路，对于撰写脚本有很大帮助。短视频脚本的写作思路主要包括以下 4 个步骤。

（1）主题定位

短视频的内容通常都有一个主题，可以展示出短视频内容的具体类型。例如，以大学生扎根基层、建设新农村为主题的短视频，其内容应始终围绕大学生基层工作体验、创新实践、乡村发展、乡村建设与改善等方面展开。明确的主题定位可以为后续的脚本写作奠定基调，让短视频内容与相应账号的定位更加契合，有助于形成鲜明的个性，提升吸引力。

（2）写作准备

写作准备是指在撰写短视频脚本前进行一些前期准备，主要包括确定拍摄时间、拍摄地点和拍摄参照等。

● **拍摄时间**：确定拍摄时间可以落实拍摄方案、明确具体的时间范围，从而提高工作效率，并且还可以提前与摄像约定拍摄时间，便于顺利完成拍摄进度。

● **拍摄地点**：提前确认好拍摄地点有利于搭建内容框架和填充内容细节，因为不同的拍摄地点对于布光、演员的服装等要求不同，会影响最终的成片质量。

● **拍摄参照**：通常情况下，短视频脚本描述的拍摄效果和最终成片的效果会存在差异，为了尽可能避免或减少这个差异，可以在撰写短视频脚本前找到同类型的短视频，并与摄像人员进行沟通，说明具体的场景和镜头运用，摄像人员才能根据需求进行内容拍摄。

（3）确定要素

做好前期准备工作后，就可以根据设计好的短视频内容来确定短视频脚本中需要展现出来的相关要素，简单来说就是确定通过什么样的内容细节以及表现方式来展现短视频主题，并将这些要素详细地记录到短视频脚本中。

● **内容**：内容是指具体的情节，就是把主题内容通过各种场景进行呈现，而脚本中具体的内容就是将主题内容拆分成单独的情节，并使之能用单个镜头进行展现。例如，短视频的主题是展示新时代青年扎根基层实现人生价值，那么内容可以设定为一个大学生村干部的村委会工作日常，包括为村里老人排忧解难、推动农村电商发展等。

● **镜头运用和景别设置**：镜头运用是指镜头的运动方式，包括推、拉、摇、移等。景别设置是选择拍摄时使用的景别，如远景、全景、中景、近景和特写等。相关内容将在下一个项目中做详细介绍。

● **时长**：时长是指单个镜头的时长，撰写短视频脚本时，需要根据短视频整体的时间、故事主题，以及主要矛盾冲突等因素来确定每个镜头的时长，加强故事性，方便后期的剪辑处理，提高后期制作效率。

● **人物**：在短视频脚本中要明确人物数量，以及人物的设定、作用等。

● **背景音乐**：在短视频中，符合画面气氛的背景音乐是渲染主题的最佳手段，它能够增强用户的感知，提升情感共鸣，使内容更加引人入胜。例如，在茶艺、书法、戏曲等展示传统文化的短视频中，可以选用具有民族特色的古典音乐或传统乐器演奏的音乐，让用户更好地领略传统文化的魅力；讲述励志或感人故事的短视频则可以选用温暖的钢琴曲或轻柔的吉他曲，让用户产生情感上的共鸣。在短视频脚本中明确背景音乐，可以让摄像人员更加了解短视频的调性，也让剪辑工作更加顺利。

● **台词**：短视频脚本中的台词应该根据不同的场景和镜头来设置，可起到画龙点睛、加强人物设定、助推剧情、吸引用户留言和增强粉丝黏性等作用。台词应精练、恰到好处，能够充分表达内容主题。例如，60秒的短视频，台词最好不要超过180个字。

（4）填充细节

短视频内容质量的好坏很多时候体现在一些小细节上，比如某件唤起用户记忆的道具。细节最大的作用就是加强用户的代入感，调动用户情绪，让短视频内容更有感染力。短视频脚本中常见的细节如下。

● **拍摄方式**：拍摄方式是指拍摄器材相对于被摄主体的空间位置，包括景别、构图、机位和镜头等。不同的拍摄方式展现出的效果截然不同。

● **道具**：在短视频中，好的道具不仅能够起到助推剧情的作用，还有助于优化短视频内容的呈现效果。道具会影响短视频平台对视频质量的判断，选择足够精准妥帖的道具会在很大程度上提高短视频的流量、用户的点赞数量和互动数量等。

↘（三）短视频脚本的类型

短视频脚本通常分为提纲脚本、文学脚本和分镜头脚本，不同脚本适用于不同类型的短视频。分镜头脚本中的内容丰富而细致，需要投入较多的精力和时间，因此适用于有剧情且故事性强的短视频。而提纲脚本和文学脚本则更具个性，对创作的限制不多，能够给摄像留下更大的发挥空间，更适合新手创作。

1. 提纲脚本

提纲脚本涵盖短视频内容的各个拍摄要点，通常包括对主题、视角、题材形式、风格、画面和节奏的阐述。提纲脚本对拍摄只能起到一定的提示作用，适用于一些不容易提前掌握或预测的内容。在当下主流的短视频创作中，新闻类和旅行类短视频就经常使用提纲脚本。需要注意的是，提纲脚本一般不限制团队成员的工作，可让摄像人员有较大发挥空间，对剪辑的工作指导作用较小。

【例 2-4】下面为一条介绍武侯祠的短视频撰写提纲脚本。

① 明确短视频的主题。主题是介绍成都著名旅游景点——武侯祠的风景与文化。

② 确定短视频的主要内容。主要内容包括地理位置、著名景点、人文特色和美丽夜景 4 个部分，也可以加上开场和结尾两个部分。

③ 确定提纲脚本的主要项目。主要项目通常包括提纲要点和要点内容两个部分。

④ 撰写脚本，如表 2-2 所示。

表2-2　《古韵武侯祠》提纲脚本

提纲要点	要点内容
主题	短视频的主题是"武侯祠的风景与文化"，通过短视频的形式向用户展示武侯祠丰富的历史文化和独特魅力
开场	背景音乐起，旁白："大家好，今天，我们将带您领略一处充满历史韵味与人文特色的地方——武侯祠。"
地理位置	1. 旁白介绍："武侯祠，位于成都市的武侯祠大街，是一处承载着三国历史与文化的圣地。" 2. 简要介绍武侯祠周边的地理环境，如交通、其他旅游景点等
著名景点	1. 刘备殿。旁白："首先，我们来到了刘备殿。这里供奉着蜀汉开国皇帝刘备的塑像，是武侯祠的核心景点之一。"简要介绍刘备殿的建筑风格、历史背景等信息。 2. 武侯祠碑林。旁白："现在我们看到的是武侯祠碑林，这里收藏了大量与三国历史相关的碑刻，是研究三国文化的重要资料。"简要介绍碑林的规模、历史价值等。 3. 其他景点。如张飞庙、关羽庙等。简要介绍这些景点的特色和历史背景
人文特色	1. 旁白："武侯祠不仅是一处历史古迹，更是一个充满人文气息的地方。每年都有大量游客前来参观。" 2. 详细介绍武侯祠的文化活动、传统习俗等人文特色
美丽夜景	1. 旁白："当夜幕降临，武侯祠的夜景更是别有一番韵味。灯光映照下的古建筑，仿佛诉说着千年的故事。" 2. 展示武侯祠夜景的多个角度和细节，营造氛围
结尾	1. 旁白："今天的短视频就到这里了。希望通过我们的介绍，您能更加深入地了解武侯祠的历史与文化。感谢您的观看，我们下期再会！" 2. 背景音乐渐弱，短视频结束

2. 文学脚本

文学脚本中通常只需要写明短视频中主角需要做的事情或任务、所说的台词和整条短视频的时间长短等。文学脚本类似于电影剧本，以故事开始、发展和结尾为叙述线索。简单地说，文学脚本需要表述清楚故事的人物、事件、地点等。

文学脚本是一个故事的梗概，可以为导演、演员提供帮助，但对摄像人员和剪辑人员的工作没有多大的参考价值。常见的教学、评测和营销类短视频就经常采用文学脚本，以及很多个人创作者和中小型短视频团队为了节约创作时间和资金，也都会采用文学脚本。

> **小贴士**
>
> 文学脚本采用线性叙事，即把短视频内容分为开始、发展和结尾3个部分：开始部分介绍短视频的主要人物，以及故事的前提和情境等，主要目的是吸引用户注意；发展部分通常会设置冲突，比如为人物的追求设置障碍等；结尾部分则是故事的结局，如果能设置转折或反转，就能进一步加强戏剧效果。

【例2-5】下面为一条大学生回乡学习和传播传统文化——戏曲的剧情短视频撰写文学脚本。

① 明确短视频的主题。本短视频的主题为展现大学生积极学习和传播传统文化、推动乡村文化振兴，属于剧情类短视频。

② 确定短视频的主要内容。本短视频讲述了大学生小李回到家乡，利用自己所学知识，积极参与乡村文化的挖掘与传承，将传统戏曲与现代发展结合，并通过网络积极推动乡村文化振兴和乡村旅游的故事。

③ 确定文学脚本的主要项目。文学脚本的主要项目通常包括脚本要点和要点内容两个部分，其中脚本要点包括短视频的标题、演员和时长，以及3个重要场景（场景通常对应剧情的开始、发展和结尾3个部分）。

④ 撰写脚本，如表2-3所示。

表2-3 《戏韵新程》文学脚本

脚本要点	要点内容
标题	戏韵新程
演员	小李（大学生角色）、乡村老人（戏曲传承者角色）、游客（群体角色）
时长	3分钟
场景1：开始	大学校园内，小李在图书馆翻阅关于乡村文化和乡村旅游的书籍，内心充满坚定。 小李（自言自语）："故乡是我的根，我要回去，为家乡的文化振兴出一份力。"
场景2：乡村初体验	乡村广场，乡村老人正在为村民们表演戏曲，小李被深深吸引。 乡村老人（边唱边演）："（戏曲唱词）……" 小李（激动地鼓掌）："这戏曲太美了，我要学习它！" 乡村老人（注意到小李）："小伙子，你对戏曲有兴趣？" 小李（点头）："是的，这么美的戏曲，需要有人传承下去。"

续表

脚本要点	要点内容
场景3： 传承与创新	乡村文化馆内，小李正在与乡村老人探讨戏曲传承与现代发展的结合。 小李（认真）："我们可以利用抖音平台，让更多人了解并喜欢乡村戏曲。" 乡村老人（点头）："好主意，年轻人就是有想法。我们可以一起努力，让戏曲焕发新的活力。" （画面展示小李与乡村老人共同策划、录制和剪辑戏曲视频，并上传到抖音）
场景4： 乡村旅游新 气象	乡村景点，游客们被小李和乡村老人发布的戏曲视频吸引，纷纷驻足观看。 游客A（赞叹）："这戏曲太精彩了，没想到在这里还能欣赏到这么美的艺术。" 游客B（询问）："这是哪里？我们下次也要去旅游。" 小李（热情介绍）："这是我们村的传统文化，欢迎大家来体验。"
场景5： 结尾	夕阳下的乡村，一片宁静祥和。小李与乡村老人站在广场上，望着远方，脸上洋溢着满足和自豪的笑容。 旁白（温暖而有力）："在这片古老的土地上，传统文化与现代发展相互交融，焕发出新的生机。让我们携手共进，为乡村文化振兴贡献自己的力量。"

3. 分镜头脚本

分镜头脚本主要是以文字的形式直接表现不同镜头的短视频画面。分镜头脚本的内容更加精细，能够表现出短视频前期构思时对视频画面的构想，需要将文字内容转换成用镜头直接表现的画面，因此，比较耗费时间和精力。通常分镜头脚本的主要项目包括镜号、景别、拍摄方式（镜头运用）、画面内容、台词、音效和时长（景别、拍摄方式和音效等具体内容将在下一个项目中进行详细讲解）等。有些专业短视频团队撰写的分镜头脚本中甚至会涉及摇臂使用、灯光布置和现场收音等项目。分镜头脚本类似于短视频创作的操作规范，为摄像和剪辑人员提供拍摄和剪辑依据。

分镜头脚本又分为图文结合和纯文字两种类型，其中，图文结合的分镜头脚本是最专业的，很多影视剧在拍摄前会由专业的分镜师甚至导演本人来绘制和撰写分镜头脚本。

●**图文结合的分镜头脚本**：图文结合的分镜头脚本通常是由脚本撰写人员或专业的分镜师负责，他们会先和编剧或导演沟通，听取对其视频内容的描述，然后进行整理，绘制出编剧或导演心中的成片画面，并在其中添加一些必要的文字内容。这种类型的分镜头脚本通常包括镜号、景别、画面、内容和台词等主要项目，其中，"画面"项目是指分镜图画，一般是16：9的矩形框，"内容"项目则是对"画面"项目的描述以及补充说明，如图2-13所示。

小贴士

图文结合的分镜头脚本还有另一种表现模式，即直接使用真实的照片或动态图片作为"画面"项目的内容，这种模式经常被用于影视剧的脚本创作中。

●**纯文字的分镜头脚本**：纯文字的分镜头脚本将短视频的整个内容用文字的方式呈现，在写作此类脚本时通常需要将所涉及的项目制作成表格的表头，然后按照短视频的成片效果将具体的内容填入表格中，供摄像和剪辑人员参照。纯文字的分镜头脚本也是短视频创作中十分常用的脚本类型。

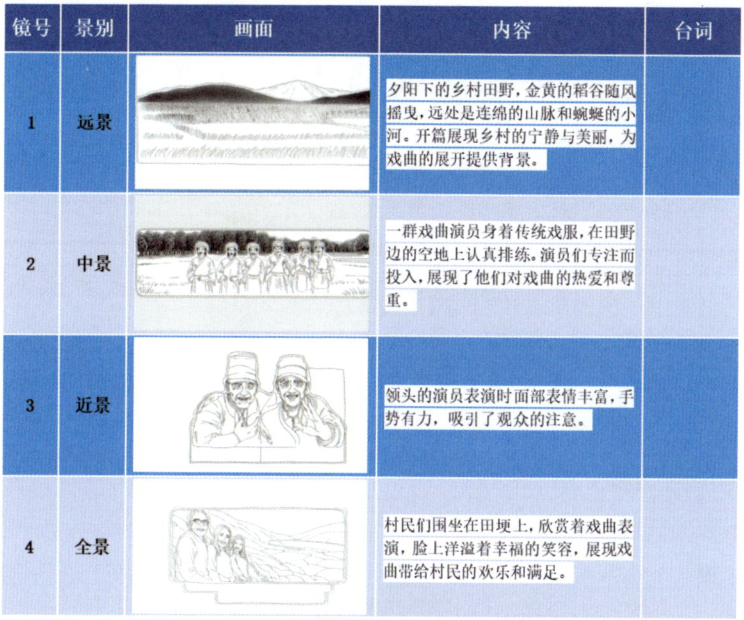

镜号	景别	画面	内容	台词
1	远景		夕阳下的乡村田野，金黄的稻谷随风摇曳，远处是连绵的山脉和蜿蜒的小河。开篇展现乡村的宁静与美丽，为戏曲的展开提供背景。	
2	中景		一群戏曲演员身着传统戏服，在田野边的空地上认真排练。演员们专注而投入，展现了他们对戏曲的热爱和尊重。	
3	近景		领头的演员表演时面部表情丰富，手势有力，吸引了观众的注意。	
4	全景		村民们围坐在田埂上，欣赏着戏曲表演，脸上洋溢着幸福的笑容，展现戏曲带给村民的欢乐和满足。	

图2-13　图文结合的分镜头脚本（节选）

【例2-6】下面为一条剧情类短视频——《科技架起文化桥梁》撰写纯文字的分镜头脚本。

① 明确短视频的主题。本短视频的主题为展示新一代中国青年的自信心和爱国情怀，属于剧情类短视频。

② 确定短视频的主要内容。本短视频的主要内容是中国同学帮助来中国留学的德国留学生，使用国产翻译软件同步翻译中文教材，让德国留学生羡慕中国科技发达。

③ 确定分镜头脚本的主要项目。本例的纯文字的分镜头脚本主要项目包括镜号、景别、拍摄方式、画面内容、台词、音效和时长。

④ 撰写脚本，如表2-4所示。

表2-4　《科技架起文化桥梁》分镜头脚本

镜号	景别	拍摄方式	画面内容	台词	音效	时长
1	远景	移动镜头	中国某大学图书馆，学生们在安静地学习，镜头移动至主角汉斯（德国留学生）的桌前		图书馆内轻微的翻书声和讨论声	3秒
2	中景	推镜头（由远至近）	汉斯正在专注地阅读中文教材，眉头紧锁	自言自语："这中文真难啊。"	汉斯轻微的叹息声	4秒

续表

镜号	景别	拍摄方式	画面内容	台词	音效	时长
3	近景	固定镜头，正面拍摄	旁边一位中国同学从书包里拿出手机，打开国产翻译软件		打开软件的声音	3秒
4	全景	摇镜头	同学将手机拿给汉斯，让他将手机摄像头对准教材	汉斯(好奇)："这是什么?"		4秒
5	特写	固定镜头	手机屏幕中上方显示中文教材的内容，下方是准确的德文翻译			3秒
6	近景	固定镜头，侧面拍摄	汉斯露出惊讶的表情	同学(自豪)："这是我们国产的翻译软件。"	汉斯的惊叹声	3秒
7	中景	跟镜头	汉斯尝试翻译其他中文书籍，并对翻译结果表示赞赏	汉斯（赞赏）："这真是太神奇了，中国科技真发达！"		4秒
8	远景	拉镜头（由近至图书馆全景）	同学和汉斯相视而笑，图书馆内的学生们继续学习	同学（微笑）："是啊，我为我的祖国骄傲。"	轻松的背景音乐，图书馆内轻微的讨论声	5秒

↘（四）撰写短视频脚本的技巧

如果将创作短视频比作盖房子，那么短视频脚本的作用就相当于"施工方案"，其重要性不言而喻。撰写短视频脚本，除了要掌握基本的写作方法外，还有必要掌握一些技巧，以提升短视频脚本的质量。

1. 内容风格设计技巧

短视频的内容风格需要在撰写短视频脚本时在脚本中表现出来，并通过拍摄和剪辑的短视频画面展现给用户。设计短视频的内容风格有以下6点技巧。

● 在开头设置吸引点：短视频需要在一开始（5秒以内）就吸引用户的注意力，因此在开头必须要设置一个能抓住用户眼球的点，这个点可以是视频画面、人物动作、音效或特效等。只要能在开头吸引住用户，后面的内容只要适当加入亮点或设置情节反转，基本上就能吸引用户看完整个视频。

● 故事情节尽量简单易懂：首先，故事情节不要太复杂，尽量不要让用户花费太多精力思考；其次，要将故事情节的逻辑简单地呈现出来；最后，利用短视频标题对内容做补充说明。剧情类短视频尤其要注意这点，否则用户会因无法理解故事情节而放弃观看。

● **以近景为主**：短视频画面大部分采用竖屏形式，这一点决定了在短视频拍摄过程中，近景使用得比较多，因此在撰写短视频脚本时也要考虑到这一点，不要使用太多景别，应该以近景为主，以带给用户更清晰、舒适的观看体验。

● **适当添加音效与背景音乐**：背景音乐能够引导用户的情绪，合适的音效可以增加短视频的趣味性，提升用户的观看体验。

● **控制短视频时长**：目前主流的短视频通常控制在1分钟以内。越来越碎片化的观看习惯导致很多用户可能没有耐心完整看完时长较长的短视频，因此对创作新手而言，在撰写短视频脚本时应把短视频的时长控制在30秒至1分钟以内。

● **设计一定的转场**：转场能让短视频的衔接变得流畅，常见的短视频转场效果包括橡皮擦擦除画面、手移走画面、淡化和弹走等。在撰写短视频脚本时设计一定的转场可以减少剪辑的工作，并提升短视频的画面品质。

2.　内容写作技巧

短视频的内容是吸引用户的根本，在撰写短视频脚本时，需要注意以下 4 个要点。

● **内容要有反差**：观看短视频的用户通常没有耐心去等待漫长的铺垫，所以，短视频的内容不能像普通影视作品那样安排铺叙情节，一定要设置反转、反差或令人疑惑的情节，这样才能引起用户的兴趣，获得点赞和关注。

● **内容节奏要快**：内容节奏要快是指短视频的信息点要密集，让用户有继续看下去的欲望。短视频中的部分镜头没有必要交代得太清楚，可以仅通过设置一些小细节和主角之间的对话来推动剧情的发展。

● **通过关键词联想出画面**：文案中往往会有一些关键词，通过这些关键词可以联想出短视频画面。例如，从"后悔"这个关键词，可以联想到经典影视剧中的"曾经有一段真挚的感情放在我面前，我没有珍惜……"这一台词所展现的画面，这时就可以加以模仿，将该画面表现在短视频脚本中。

● **在短视频脚本中适当增加分镜图画**：在撰写故事性比较强的短视频脚本时，有些内容仅凭一段文字无法直观展示，这时就可以适当增加分镜图画。例如，通过绘制几张主角或主要元素不变，只是场景变化的分镜图画，直观地表现出整个故事的连贯性。

3.　写作公式

在撰写短视频脚本时，为了保证内容的质量和完整性，可以利用以下既定的公式来进行写作。

● **搞笑段子** = 熟悉的场景 + 反转 + 反转 = 熟悉的场景或镜像场景（通常反转的次数超过两次比较容易吸引用户反复观看）。

● **正能量 / 励志** = 故事情景 + 金句亮点 + 总结（短视频的画面和背景音乐都应该有一定的感染力，且内容要符合普通用户的价值观）。

● **教程教学** = 提出问题 + 解决方案 + 展示总结（首先在短视频开头抛出一个问题，再提出解决的方法并输出详细的干货内容，最后总结案例）。

● **产品推广** = 优质产品 + 卖点 1+ 卖点 2+ 卖点 3+ 总结 = 优质产品 + 适用场景 + 非适用场景 + 总结（目前比较流行的写法是通过剧情引出产品，然后由短视频达人展示产品卖点，最后告诉用户产品的购买方式或品牌名称）。

↘（五）AI 工具创作短视频脚本

AI 工具可以通过分析大量的文本数据来学习语言的模式和风格，然后生成新的文本内容。AI 工具创作短视频脚本的优势在于能够快速生成大量内容，提供创意灵感，节省人力成本。

1. AI 工具创作短视频脚本的操作

AI 创作短视频脚本可能涉及以下一些主要的操作。

- **内容策划**：根据给定的关键词或主题生成短视频的核心内容。
- **设计结构**：设计短视频的基本结构，包括开头、发展、高潮和结尾。
- **生成角色和对话**：创造角色并为它们编写自然、符合角色特点的对话。
- **控制情感和语气**：根据短视频的主题和目标受众，调整语言的情感和语气。
- **融入创意元素**：加入幽默、反转或其他创意元素，以提高短视频吸引力。
- **反馈和迭代**：根据反馈对短视频脚本进行修改和优化。

需要注意的是，使用 AI 工具创作短视频脚本时通常需要人工对脚本进行更深层次的编辑和润色，以确保质量和创意的深度。

2. 创作短视频脚本的 AI 工具

在这类 AI 工具中，AI 写作宝和聪明灵犀更适用于短视频脚本创作。

- **AI 写作宝**：这是一款基于 AI 技术的写作辅助工具，可以帮助用户快速生成高质量的文章、短篇小说、商业文案等。用户可以通过设置短视频关键词、短视频平台、脚本长度等信息，快速生成短视频脚本。

- **聪明灵犀**：聪明灵犀是一款支持 AI 聊天和 AI 写作的智能软件，能够根据用户输入的情境和主题，自动生成短视频脚本。这款软件也可以通过 AI 聊天的方式，帮助用户解决各种问题，提升写作效率。此外，聪明灵犀支持多种文件格式导出，如 Word、PDF、HTML 等，方便用户在不同场景下使用。

【例 2-7】下面使用聪明灵犀的"视频脚本"功能创作介绍端午节传统文化的短视频提纲脚本。

① 启动聪明灵犀，在"AI 写作"栏中单击"视频脚本"按钮。

② 打开"视频脚本"写作界面，在文本框中输入短视频脚本的主题和详细信息，如图 2-14 所示。

图 2-14　输入短视频相关信息

③ 单击"开始生成"按钮，AI 将根据要求创作对应的短视频脚本（配套资源：\ 效果文件 \ 项目二 \AI 创作短视频脚本 .docx）。

任务三　筹备短视频拍摄

筹备短视频拍摄是落实策划内容的关键步骤，涉及准备拍摄器材、辅助器材、场景和道具，确定导演和演员，以及制订预算等方面的工作。接下来，本任务将详细介绍这些筹备工作，为后面的短视频拍摄奠定坚实基础。

↘（一）拍摄器材

拍摄器材是短视频创作最重要的工具，主要功能是拍摄短视频的画面。目前在短视频拍摄中，常用拍摄器材主要有相机、手机（将在项目五中介绍）和无人机。

1. 相机

如果短视频团队中的摄像人员具备一些拍摄的基础知识，且团队的运营资金较为充足，可以考虑选用相机作为短视频的拍摄器材。相机有多种类型，能够进行短视频拍摄的相机主要有单反相机、微单相机和运动相机 3 种。

（1）单反相机

单反是指单镜头反光（Single Lens Reflex，SLR），这是一种取景系统。单反相机的全称是单镜头反光式取景照相机，是指使用单镜头，并且光线通过此镜头照射到反光镜上，通过反光取景的相机，如图 2-15 所示。

单反相机是很多专业短视频团队的首选拍摄器材。相对于其他拍摄器材，单反相机具有以下一些性能特点。

图 2-15　单反相机

● **取景更真实**：使用单反相机取景时反光镜落下，将镜头的光线反射到五棱镜上，再到取景器中；拍摄时反光镜快速抬起，光线可以照射到感光元件上。这种独特的设计使得拍摄的影像与摄像人员从取景器中直接肉眼观察到的影像基本一致。

● **成像质量更高**：作为摄像工具的核心部件，图像传感器的大小直接关系到成像的效果，图像传感器的面积越大，成像质量越高。单反相机的图像传感器尺寸相对较大，能够容纳更多的像素，并且单个像素面积也更大，能够捕捉到更多的光线细节，从而进一步提升成像质量。

● **控制调节能力更强**：单反相机具有强大的手动控制调节能力，摄像人员能够根据环境、拍摄对象的变化情况，手动精确设定光圈大小、快门速度、曝光度等参数，从而获得较佳的拍摄效果，拍摄出来的短视频也更具专业性。

● **镜头选择更丰富**：单反相机的镜头可以拆卸和更换，摄像人员可以根据需求选择不同的镜头，拍摄不同景别、景深及透视效果的画面，视觉效果更丰富，这也是手机和其他固定镜头相机不能比拟的。

● **扩展配件更多**：除了丰富的镜头选择外，单反相机也能够直接连接补光灯、话筒、稳定器、滑轨、闪光灯和遥控器等辅助设备，以适应短视频拍摄的各种需求。

（2）微单相机

微单相机（Mini SLR Camera，微型单反相机）的全称是微型可换镜头式单镜头数码相机，也被称为无反相机，如图 2-16 所示。

微单相机首先包含了微型和单反两个含义，微型是指相机小巧、便携；单反则是指相机可以像单反相机一样更换镜头，并能拍摄出和单反相机基本一样的画质。微单相机与单反相机的区别主要表现在硬件设计上：有完全不同的取景结构。单反相机采用光学取景结构，机身内部有反光板和五棱镜；微单相机则是采用电子取景结构，机身内部没有反光板和五棱镜。图 2-17 所示为微单相机和单反相机的内部结构对比图。

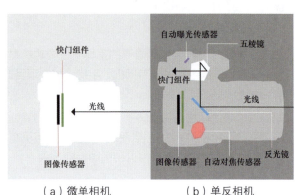

（a）微单相机　　　　　　（b）单反相机

图 2-16　微单相机　　　　　图 2-17　微单相机和单反相机的内部结构对比图

与单反相机相比，微单相机的特点如下。

● 尺寸小巧，便于携带：微单相机因为没有反光板和五棱镜等部件，所以整体体积要比同级别的单反相机小，质量也更轻，更便于携带。

● 拍摄静音：微单相机不需要反光板进行上下翻转，所以使用微单相机拍摄时不会有单反相机拍摄时常听见的"咔嗒"声，拍摄更加静音。

● 自动对焦速度快：微单相机通常配有对焦像素高达1000多万的图像传感器和更先进的对焦系统，对焦速度更快、更精准。

● 视频拍摄表现突出：微单相机具有更优秀的视频功能，可实现多种拍摄方式和更为自由的画面控制，能够拍摄高质量的视频。

● 价格相对较低：相比同级别的单反相机来说，微单相机价格更为亲民，更适合入门用户选择。

小贴士

最近几年，微单相机的市场占有率已经全面超过单反相机，特别是在短视频领域，很多创作者都使用微单相机进行拍摄。

（3）运动相机

运动相机是一种专门用于记录运动画面的相机，特别是运动比赛和极限运动，由于自身的性能特点，运动相机也常被用于短视频拍摄，如图 2-18 所示。

图 2-18 运动相机

相较于其他拍摄器材，运动相机具有以下特点。

● **便携且安装方便**：运动相机小巧便捷，非常方便随身携带，不仅可以安装在自拍杆上进行拍摄，也可以直接安装在摄像人员身体部位、宠物身上、头盔顶部和汽车空间内等，直接解放了摄像人员的双手。

● **防水**：运动相机具有较强的防水性能，大多数运动相机可以裸机在水下10米进行拍摄，若加上防护壳还可以深入水底40～60米进行深水拍摄。

● **防尘防摔**：运动相机针对防尘防摔进行了专门设计，尤其是防摔性能远超单反相机、微单相机等。

● **防抖**：运动相机的防抖性能也非常强大，即使在高速运动和颠簸的状态拍摄，视频画面也非常清晰。

● **超广角**：运动相机为了拍摄更多的画面，通常配备了超广角镜头，但同时也会带来明显的镜头畸变（这里指视频画面的周围卷翘或膨鼓）。当然，部分运动相机已具备消除畸变的功能，但这种功能通常也会降低视频的画质。

● **超焦距**：使用运动相机拍摄视频，只能预设超焦距让视频画面中的所有物体始终保持清晰，这也导致运动相机几乎拍不出背景虚化的效果。

● **性价比高**：运动相机专为运动场景设计，有更高的视频分辨率和更快的帧数，可以更好地记录运动场景的细节和快速动作。所以，在价格相近的情况下，运动相机的性能要比单反相机和微单相机更高。

2. 无人机

无人机由机体和遥控器两部分组成，机体中带有摄像头或高性能摄像机，可以完成视频拍摄任务；遥控器则主要负责控制机体飞行和摄像，并可以连接手机或平板电脑作为显示屏，实时监控并保存拍摄的视频，如图 2-19 所示。

图 2-19 无人机及其拍摄的视频画面

无人机常用于拍摄自然、人文风景等需要通过大全景展现壮观的景象。使用无人机拍摄短视频，具有以下特点。

● **独特的拍摄视角**：无人机可以轻松地获取高空俯瞰的视角，便于拍摄宏大的场景，如城市的天际线、广袤的自然风光，为短视频增添壮观的视觉效果。同时，无人机也可以进行低空拍摄，贴近地面捕捉一些独特的细节，如沿着山间小路飞行拍摄，展现道路两旁的花草、石头等细节，让观众有身临其境般的沉浸式体验。

● **高机动性**：无人机不受地形限制，可以穿越狭窄的山谷、飞越河流湖泊，或者进入一些人类难以到达的危险区域进行拍摄。且无人机的起飞降落受场地限制较小，在操场、公路或其他较开阔的地面均可起降，并且便于转移拍摄场地。

● **灵活性**：无人机能够快速改变拍摄位置和角度，在短时间内实现从水平飞行拍摄到垂直上升拍摄的转换，或者迅速调整拍摄方向，追踪移动的物体。

● **便捷的操控方式**：无人机拍摄视频时可以通过遥控器、手机和平板电脑，以及手表、手环甚至语音等进行操控。其中遥控器是主流操控方式，手机和平板电脑的操控则需要使用App，如图2-20所示，拍摄时可根据操控的难易程度和操控习惯来选择。

图2-20 无人机操控App界面

● **画面稳定性强**：先进的无人机配备了高精度的陀螺仪和稳定系统。在飞行过程中，即使遇到微风或者小幅度的气流干扰，也能够保持拍摄画面的平稳。这对于拍摄高质量的短视频至关重要，如拍摄日出日落的延时视频时，无人机可以长时间稳定地悬停在空中，确保每一个画面都能清晰、流畅地记录光线的变化。

就目前来说，无人机拍摄已经是一种比较成熟的短视频拍摄方式，能够拍摄出高质量的短视频，具有高清晰度、大比例、小面积等优点。但无人机拍摄也有劣势，主要是成本较高且存在一定的隐私保护隐患，因此相对于其他拍摄器材，无人机并不常用，只是在需要拍摄一些特殊的视频画面时才使用。

↘（二）辅助器材

为了保证短视频的拍摄质量和拍摄顺利完成，有时候还需要使用一些辅助器材，这些辅助器材通常在短视频拍摄的筹备阶段就要准备好。

1. 话筒

短视频是图像和声音的组合，因此在拍摄短视频的过程中有时还会使用收声设备，而拍摄短视频常用的收声设备就是话筒。通常拍摄器材都有内置话筒，但这些内置话筒的使用范围较小，无法满足拍摄需求，因此，需要使用单独的外置话筒。拍摄短视频时使用的话筒通常可以分为无线话筒和指向性话筒两种类型。

（1）无线话筒

无线话筒主要安装在说话者的衣领或上衣口袋中，以无线的方式捕捉人物对白，且位置较为隐蔽，基本不影响整体画面。

无线话筒通常由领夹式话筒、发射器和接收器 3 个部分组成，如图 2-21 所示。

● **领夹式话筒**：领夹式话筒主要用于收集声音，通常和发射器进行有线连接。领夹式话筒也可以直接连接手机，在拍摄短视频过程中直接收音。

● **发射器**：发射器主要用于向接收器发送收集到的声音，且体积小、重量轻，一般安装并隐藏于说话者的外衣下面或口袋中。有些发射器还自带话筒，可以直接安装使用，现在拍摄短视频常用的无线话筒就是这种发射器，如图2-22所示。

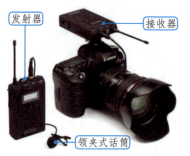

图 2-21　无线话筒

图 2-22　自带话筒的发射器

● **接收器**：接收器用于连接拍摄器材，接收发射器收集和录制的声音，然后将其传输和保存到拍摄器材中。

（2）指向性话筒

指向性话筒也就是常见的机顶话筒，直接连接到拍摄器材中，用于收集和录制声音，更适合现场收声的拍摄环境，如图 2-23 所示。指向性话筒通常可以分为全指向、心形指向、超心形指向、8 字形指向、超指向等多种类型。有些话筒还具有一种、多种甚至所有指向，可以根据需要进行选择。其中，心形和超心形指向性话筒更适用于短视频拍摄，而全指向性话筒则适合微电影拍摄时使用。

图 2-23　指向性话筒

小贴士

在条件允许的情况下，可以将话筒安装在挑杆上，并外套防风罩（用于降低风噪和环境噪声），以获得更好的收声效果，保证录音质量，如图 2-24 所示。挑杆是由铝合金或碳素等质量很轻的材料制成的长杆，其顶端可安装话筒，有些杆体还能够伸缩或从杆内部穿话筒线，同步连接监听耳机以保证声音的清晰度。

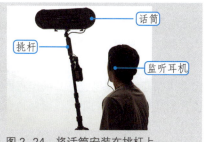

图 2-24　将话筒安装在挑杆上

2. 脚架

脚架是一种用来稳定手机、相机和摄像机的支撑架，以实现某些拍摄效果或保证拍摄时的稳定性。常见的脚架主要有独脚架和三脚架两种，如图 2-25 所示，足以胜任大部分固定机位的短视频拍摄工作。脚架又根据所支撑拍摄器材的不同分为手机用、相机用等类型。涉及多角度拍摄时，通常使用脚架顶端的可多角度调节的云台。云台的作用是平衡和支撑拍摄器材，使拍摄器材在运动过程中能流畅移动，同时避免剧烈晃动或抖动，如图 2-26 所示。

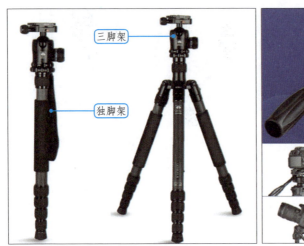

图 2-25　脚架

图 2-26　视频云台

小贴士

拍摄短视频时，云台作为拍摄器材和脚架的连接装置，需要三者配合使用。通常，购买脚架时都会配有云台，但这种云台常用于摄影，一旦移动拍摄器材的镜头，画面就会不平稳，所以，尽量选择液压云台或电动云台。

对于短视频来说，大部分拍摄场景中这两种脚架都可以通用。但独脚架具有很高的便携性和灵活性，且部分独脚架还具有登山杖的功能，非常适合拍摄野生动物、野外风景等对便携性要求较高的场景，以及体育比赛、音乐会、新闻报道现场等场地空间有限、没有架设三脚架位置的场景。而稳定性更强的三脚架适合拍摄既需要一定稳定性，又对灵活性要求较高的场景，以及拍摄需长时间曝光的场景。

3. 稳定器

在拍摄短视频的移动场景中，如前后移动、上下移动和旋转等，大都需要使用稳定器来保证画面的稳定，并锁定短视频中的主角。短视频被大众接受和喜欢后，稳定器也开始从专业设备向平民化设备转变，特别是手持式稳定器，已经在短视频拍摄中十分普及。

稳定器通常分为单手持稳定器、双手持稳定器和斯坦尼康 3 种类型，在短视频拍摄中以使用前两种稳定器为主，如图 2-27 所示。选择稳定器时，其承载能力是需要重点考虑的因素，最好选择具备多向承载能力的稳定器。例如，既能手持，又带有脚架，还同时支持多种拍摄器材。选择稳定器的另一个需要考虑的因素是稳定器自身的重量和体积，单手持稳定器比双手持稳定器更轻便和小巧。另外，稳定器的核心是三轴陀螺仪和配套的稳定算法，目前国内稳定性能和算法较先进的稳定器品牌是大疆和智云。

双手持稳定器

单手持稳定器

图 2-27　稳定器

4. 补光灯

　　在短视频拍摄中使用的补光灯也称摄像补光灯，其主要作用是在缺乏光线条件的情况下为拍摄过程提供辅助光线，以得到亮度合适的视频画面素材。补光灯大多使用 LED 灯泡，具有光效率高、寿命长、抗震能力强和节能环保等特性。补光灯通常采用脚架固定位置，或者直接安装在拍摄器材上，随时为拍摄对象补充光线。补光灯通常也会安装灯罩，用于控制光线的扩散、收拢或转向，达到理想的拍摄效果。

　　固定位置的补光灯通常用于室内拍摄，也被称为影棚灯具。这类补光灯通常被固定在室内拍摄现场的某位置，为短视频拍摄提供持续光源，常用于为拍摄对象补充自然光，又分为镝灯、LED 灯和钨丝灯等类型，如图 2-28 所示。

镝灯　　　　LED 灯　　　　钨丝灯

图 2-28　影棚灯具

　　移动的补光灯主要是安装在拍摄器材上靠近镜头的位置，随拍摄器材移动而补充光线，也可称镜头灯。在短视频拍摄过程中常用的移动补光灯主要有平面补光灯与环形补光灯两种类型。平面补光灯主要是用来模拟太阳光对拍摄对象进行持续补光，其本质就是移动的固定补光灯，如图2-29所示。环形补光灯常用于拍摄人脸近景或特写，在晚上拍摄时，选择环形补光灯可以弥补人物的肤色瑕疵，起到美颜效果，如图2-30所示。

图2-29　平面补光灯　　　　　　　图2-30　环形补光灯

5. 其他辅助器材

除了以上的辅助器材外，还有一些比较特殊、并不常用的辅助器材，比如柔光工具、兔笼、滑轨、监视器和对讲机等。

● **柔光工具**：在拍摄短视频时，有些镜头需要比较柔和的光线，这时就需要利用柔光工具将补光灯发出的光线反射、散射至拍摄对象，从而达到补光的效果。常用的柔光工具有柔光箱、柔光伞、反光伞和反光板，如图2-31所示。

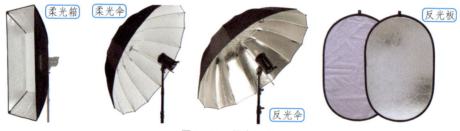

图2-31　柔光工具

● **兔笼**：兔笼其实是一种相机专用的支架扩展器，既能保护相机，又能给相机周边提供外接其他设备的支架，如话筒、补光灯和监视器等，如图2-32所示。而且兔笼还可以搭配不同的零件，来拍摄不同场景的短视频。例如，兔笼搭配手提手柄可以实现低角度的拍摄等。

● **滑轨**：滑轨是一种移动轨道，通过架设滑轨来移动摄像机，拍摄移动的视频画面，通常适用于影视剧拍摄。在拍摄短视频时，如果架设专业滑轨的成本太高，可以使用小型滑轨来替代。这种小型滑轨通常适用于相机的拍摄，有手动和电动两种类型，相机可以安装在支架上，如图2-33所示，另外也可以安装在兔笼中。

● **监视器**：在短视频的拍摄过程中，监视器的作用是实时观看拍摄的短视频画面效果，或者回放短视频画面。通常在拍摄一些画面质量较高的短视频时，由于拍摄器材的显示屏幕相对较小，为了提升拍摄质量，可以考虑使用监视器。

● **对讲机**：对讲机不需要任何网络的支持就可以实现通话，且不会产生话费，适用于短视频团队拍摄时的管理和通话。

图 2-32　兔笼　　　　　　　　　　　图 2-33　滑轨

↘（三）场景和道具

场景和道具在短视频中有着非常重要的作用。一方面，场景和道具能够体现短视频的真实性，反映出剧情所发生的社会背景、历史文化和风土人情；另一方面，场景和道具能体现短视频内容的意境，利用一景一物传达出创作者想表达的内心情感，从而触动用户的内心，引发共鸣。

1. 场景

短视频可以通过设置各种增加内容价值的场景来制造更大的传播价值。在拍摄短视频前需要对相关的场景进行考量和设计。目前短视频领域中十分常见也较容易获得用户关注的场景有日常生活场景、自然野外场景以及工作、学习和交通场景 3 种类型。

（1）日常生活场景

短视频中常见的日常生活场景包括居家住所、宿舍、健身房和室外运动场地等。

●**居家住所**：以居家住所作为场景拍摄的短视频，内容通常会涉及亲情、爱情、友情等，该场景布景方便，能展示真实生活，让用户感受到家的温馨和舒适。

●**宿舍**：以宿舍作为场景拍摄的短视频内容主要包括主角与室友的生活，如唱歌、搞怪表演、正能量互动等，展现同学间的友谊、个人才艺，以及同学之间的真情等。

●**健身房**：以健身房为场景拍摄的短视频内容主要包括运动达人、健身教学等。

●**室外运动场地**：以室外运动场地为场景拍摄的短视频由于视野较为开阔，能够容纳很大的信息量，内容主要集中表现强对抗性运动或高难度运动挑战，以及运动会集体跳操或舞蹈、接力赛等，展现运动带来的快乐和活力。

（2）自然野外场景

短视频中常见的自然野外场景包括农村乡野、人文景观、自然景观等。

●**农村乡野**：农村乡野场景主要包括金黄的麦田、翠绿的稻田、蜿蜒的乡间小路、错落有致的农舍等田园风光，内容涵盖农忙时节的辛勤劳动、乡村生活的日常琐事以及传统农耕文化的传承等。用户能感受到乡村的宁静美好，体验到真实的乡村生活。

●**人文景观**：人文景观场景大都具有历史意义或文化特色，如古城墙、古街巷、庙宇、古镇等。以该场景拍摄的短视频可以展现当地的风俗习惯、传统手工艺、美食文化等，让用户深入了解地方文化。

●**自然景观**：自然景观场景包括山川湖海、日出日落、云海雾凇、森林草原等自然风光，内容往往以壮丽的自然风光为主，结合其他元素，展现出大自然的鬼斧神工和无穷魅力。

（3）工作、学习和交通场景

短视频中常见的工作、学习和交通场景包括办公室、课堂、专业工种工作场所和公共交通出行等。

●**办公室**：以办公室作为短视频的拍摄场景，可以给参加工作的用户以很强的代入感，并且让用户感受到职场生活的真实面貌。办公室场景的短视频内容包括表现职场关系的各种剧情故事、办公室娱乐和职场技能教学等。

●**课堂**：以课堂为场景的短视频主要针对在校学生群体，内容主要涉及友情、同学情和师生情。目前利用该场景创作短视频的创作者多为年轻的教师，其通过拍摄短视频来展示学校的日常生活，或展现一些有趣的场面。

●**专业工种工作场所**：以专业工种工作场所为场景的短视频主要是展现该职业的工作内容，让用户能够身临其境地感受不同的工作氛围。

●**公共交通出行**：公交、地铁等公共交通出行场景与大多数用户的日常出行密切相关，所以也是短视频内容创作的主要场景之一。这类场景的主要内容是与陌生人的互动或路边趣闻，以及街头艺人的表演和生活Vlog等，不仅展示了城市的交通状况和人们的出行方式，也让用户感受到了城市的繁华和魅力。

2. 道具

短视频中通常有两种道具：一种是根据剧情需要而布置在场景中的陈设道具，如居家住所场景中的各种家具和家用电器，其功能是充实场景环境；另一种则是直接参与剧情或与人物动作直接发生联系的戏用道具，其功能是修饰人物的外部造型、渲染场景气氛，以及串联故事情节、深化主题等。例如，很多短视频中出现过的巨大型拖鞋、迷你键盘和超长筷子等就是戏用道具。另外，一些短视频中，某件物品也可以作为一个标志性戏用道具贯穿于整个剧情中，成为吸引用户关注的记忆点。

（四）导演和演员

在短视频拍摄过程中，导演是一个组织者和领导者，负责组织短视频团队成员，将脚本内容转变成视频画面。而演员则通过自己的表演来展现脚本内容，展现导演的想法。

1. 导演

短视频导演在拍摄过程中的主要工作是把控演员表演、拍摄分镜以及现场调度。

●**把控演员表演**：短视频的时长较短，所以需要演员在较短时间内塑造形象、传达情绪和表现内容主题。而很多短视频是由非专业演员出演，所以，为了保证演员能表演到位，需要由导演来把控演员的表演，提升表演质量。

●**拍摄分镜**：拍摄分镜的过程通常包括设置景别、进行画面构图和运用镜头等，有时候还需要设置灯光和声效等，这些步骤通常需要导演根据脚本内容来调控和分配，以完成最终的拍摄任务。

●**现场调度**：现场调度主要分为演员调度和拍摄器材调度两种。演员调度是指导演指挥演员移动，安排演员的位置，从而反映人物性格，表现内容主题。拍摄器材调度是指由导演指挥摄像人员调整摄像器材的运动形式、镜头位置和角度等。

2. 演员

在选择演员前，导演和编剧等应共同讨论短视频脚本中的人物形象，归纳出人物的一些显著特点，这样有助于有针对性地选择演员。另外，在选择演员时还要考虑到短视频的主题，如拍摄主题为大学生扎根基层、建设新农村的短视频时，选择的演员应该具备热情、坚定、乐观，并能传递积极向上精神风貌的特质，其形象和气质应该与大学生形象相符合，有农村生活经验更好。

（五）预算

在短视频拍摄的筹备过程中，预算也是一个需要确定的重要因素。拍摄短视频需要资金的支持。个人创作者确定预算时只需要考虑拍摄器材成本，以及服装道具成本。而短视频团队则需要准备更多的资金用于购买或租赁器材、场地和道具，以及雇佣演员，并支付其他人工费用等。下面介绍短视频拍摄时所涉及的基本预算项目。

- **器材成本**：包括拍摄器材、灯光和录音设备，以及其他器材的购买或租赁费用。
- **道具费用**：主要是指用于布置短视频拍摄场景所需的道具，以及服装、化妆品的购买和租赁费用。
- **场地租金**：主要指部分拍摄场地的租赁费用，如摄影棚，这在短视频制作成本中占据很大比例。
- **人员劳务费用**：指短视频拍摄过程中所有工作人员和演职人员的劳动报酬。
- **办公费用**：主要是指撰写短视频脚本和拍摄过程中，购买或租赁办公设备及材料所产生的费用，包括打印纸、笔、文件夹和信封等。
- **交通费**：指在筹备和拍摄期间，所有工作人员租车、打车、乘坐公共交通工具所产生的费用，以及油费和过路费等。
- **餐饮费**：指短视频拍摄过程中所有工作人员的餐费费用。
- **住宿费**：指短视频拍摄过程中所有工作人员租住宾馆或旅店所产生的费用。
- **其他费用**：除以上费用外，拍摄过程中可能还会产生其他费用，如为某些工作人员购买保险、缴纳税费，以及购买原创短视频脚本支付版权费用等。

总之，无论是个人还是团队，拍摄短视频都需要一定的资金支持，需要在短视频拍摄筹备阶段提前确定资金预算，为接下来的工作做好充分准备。

课后实训——撰写短视频《星星》的分镜头脚本

【实训目标】

通过撰写《星星》短视频的分镜头脚本，学习根据短视频主题和内容，设计合理的镜头切换、场景布局和画面效果，以及使用 AI 工具辅助生成短视频脚本。

【实训思路】

第一步：策划和生成分镜头脚本

首先，明确《星星》短视频的主题；然后，根据主题确定短视频的主要内容；接着，明确脚本中需要包含的主要项目；最后，使用AI工具辅助生成分镜头脚本。

第二步：撰写分镜头脚本

首先，对AI工具撰写的分镜头脚本进行初步审查，从语言表达、逻辑连贯性等方面进行润色和修改；其次，对脚本内容进行整理，确保每个场景、镜头和角色动作都按照时间顺序排列，形成一个连贯的故事线；再次，在脚本中增加更多的细节描述，如角色的表情、动作细节、环境氛围等；最后，参考AI工具生成的分镜头脚本重新撰写。

【实训操作】

↘（一）策划和生成分镜头脚本

下面就先明确短视频的主题、主要内容和项目，然后通过AI工具辅助生成剧情类短视频《星星》的分镜头脚本，具体步骤如下。

① 明确短视频的主题。本实训的短视频题目为《星星》，且属于剧情类短视频，因此可以通过"星星"来表现各种情感故事。例如，亲情故事、爱情故事等。

② 确定短视频的主要内容。这里将故事情景设定为3个主要场景：场景一是在大学期间的教室内，男主角和女主角是同学，也是好朋友，男主角看到女主角折纸星星，询问原因，女主角说要送给她喜欢的人。场景二是在大学毕业典礼后的教室内，女主角送给男主角一个小熊玩偶，要他好好保存。场景三是多年以后一家三口的家中，男主角发现孩子玩的小熊玩偶，从玩偶肚子里发现了当年女主角折的星星，终于明白女主角当年折纸星星的目的，女主角也向男主角表达感情。

③ 确定分镜头脚本的主要项目。这里采用纯文字的分镜头脚本，其主要项目包括镜号、景别、拍摄方式、画面内容、台词、音效和时长。

④ 打开"文心一言"网页，将鼠标指针移动到左上角的"文心大模型"选项中，单击右侧出现的"新建"超链接。

⑤ 新建一个AI对话，在文本框中输入创作目的，以及短视频的主题、主要内容和主要项目。

⑥ 按【Enter】键，AI工具将根据要求创作对应的短视频脚本（配套资源：\效果文件\项目二\AI创作短视频《星星》分镜头脚本.docx），如图2-34所示。

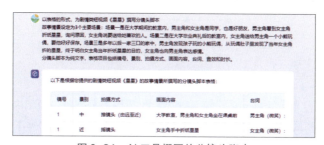

图2-34 AI工具撰写的分镜头脚本

↘（二）撰写分镜头脚本

接下来，根据确定的短视频主题和主要内容，参考 AI 工具生成的分镜头脚本重新撰写脚本，具体步骤如下。

① 脚本内容润色和修改。先检查并修改 AI 工具撰写的脚本错误，如镜号有错误，需要修改。然后对脚本内容进行润色，使其语言逻辑更清晰，且更符合真实生活场景。例如，将女主角改为女生或女人，男主角改成男生或男人等。

② 整理脚本内容。根据场景内容，进一步细化脚本。例如，多年以后，一个温馨的三口之家的场景中，女人（当年的女生）在认真地叠婴儿衣服，男人（当年的男生）一边洗婴儿衣服，一边抬头宠溺地看着女人，然后，男人看到了衣服堆里的玩具熊，回忆起了以前的情景，突然他从玩具熊肚子里发现了当年女生（也是自己的妻子）折的星星，男人激动起来，终于明白女生当年折纸星星的目的，原来当年她早就表达了感情，这时，女人从身后抱住男人，再次向男人表达自己的感情。

③ 增加细节镜头。根据场景的不同内容，增加一些细节镜头。例如，在开头增加校园画面、教室画面等镜头。

④ 撰写脚本。根据优化的内容，重新撰写分镜头脚本，最终效果如表2-5所示。

表2-5　《星星》分镜头脚本

镜号	景别	拍摄方式	画面内容	台词	配乐	时长
1	全景到特写	长镜头，移动镜头	从蓝天白云到校园操场，最后到大树和碧绿的树叶		展现青春的背景音乐	6 秒
2	中景	移动镜头	教室里的情况，黑板、桌凳、板报、书包			4 秒
3	特写转中景	正面拍摄，拉镜头	女生的手（在折纸星星），然后转到女生洋溢着青春气息的脸			4 秒
4	近景到特写	正面拍摄，推镜头	男生偷偷看了看女生（表现出男生暗恋喜欢女生的神态）			4 秒
5	中景	侧面拍摄，将男女生全部拍进画面	男生鼓起勇气问女生	男生：你折星星干吗？		2 秒
6	特写	侧面拍摄，固定镜头	女生嘴角微微上扬，露出酒窝			2 秒
7	近景	侧面拍摄，移动镜头	女生抬起头，温柔地看了一眼男生，男生赶紧害羞地低下了头			4 秒

镜号	景别	拍摄方式	画面内容	台词	配乐	时长
8	特写	正面拍摄，固定镜头	女生看着男生说话	女生：我要送给我喜欢的人	展现青春的背景音乐	2秒
9	近景	仰拍，固定镜头	男生脸上表情复杂	男生：哦		2秒
10	近景转全景	拉镜头，移动镜头	女生继续折纸，男生看书，然后转向窗外碧绿的树			4秒
11	中景	正面拍摄，固定镜头	黑板上4个大字"毕业典礼"			6秒
12	特写转全景	侧面拍摄，拉镜头	女生将一只可爱的玩具熊塞到男生手中，女生微笑中带点娇羞的神色	女生：好好保护它哟，毕业快乐	开心快乐的背景音乐	6秒
13	近景	正面拍摄，固定镜头	男生很高兴，看了看小熊，又看了看女生	男生：好的		2秒
14	中景	男生视角镜头	女生转身离开，直到转过墙角			6秒
15	近景	正面拍摄，固定镜头	男生皱了皱眉头，小声嘀咕，但依然高兴	男生：星星送给谁了呢?	表现疑惑的背景音乐	4秒
16	全景	移动镜头	一个温馨的三口之家，有婴儿车，婴儿床	字幕：十年之后	家庭温馨的背景音乐	6秒
17	特写转中景	正面拍摄，拉镜头	女人的手（在叠婴儿衣服），脸上洋溢着幸福的笑容	女人：宝宝乖，妈妈马上来了	婴儿咿咿呀呀的声音	4秒
18	近景到特写	正面拍摄，推镜头	男人在洗婴儿衣服，抬头看了看女人，露出温柔的笑容		家庭温馨的背景音乐	4秒
19	中景	侧面拍摄，固定镜头	男人拿衣服，不小心看到了孩子扔在衣服堆里的玩具熊，喃喃自语	男人：臭小子，乱扔我的东西		2秒

续表

镜号	景别	拍摄方式	画面内容	台词	配乐	时长
20	特写	正面拍摄，固定镜头	男人瞬间回忆起大学时候的情景		家庭温馨的背景音乐	2秒
21	中景	正面拍摄，固定镜头	男人拿起玩具熊，上面有一个口子，里面好像有东西			2秒
22	近景	正面拍摄，固定镜头	男人仔细看，发现玩具熊的肚子里面全是五颜六色的星星……		剧情高潮的背景音乐	2秒
23	中景转特写	正面拍摄，推镜头	男人一脸的激动，脸上全是幸福的笑容			4秒
24	中景	侧面拍摄，移动镜头转到正面拍摄	女人从身后抱住男人，把头靠在男人肩头，嘴角微微上扬，露出酒窝	女人：我折纸的水平还不错吧！	转向平缓的背景音乐	6秒
25	中景转全景	拉镜头，移动镜头	转向窗外的蓝天白云			4秒

课后练习

　　试着参考短视频《星星》的分镜头脚本，撰写一个剧情类的分镜头脚本。主题为"环保从我做起：校园垃圾分类行动"。背景为随着环保意识的提高，大学校园内开始实施垃圾分类制度。为了推广这一制度，提高同学们的环保意识，学校决定拍摄一部剧情短视频，展示垃圾分类的重要性和校园内垃圾分类的实际操作。脚本的主要项目包括镜号、拍摄场地、拍摄时间、景别、拍摄方法、镜头时长、画面内容、角色动作、人物台词/旁白、背景音乐/音效。

项目 三
拍摄短视频

案例导入

  大学 4 年，青春匆匆，转眼即是毕业季，某学校宣传部准备拍摄一个主题为"青春不散场"的毕业短视频，记录大学生们毕业时的真实情感，展现青春的美好、同学间的友情及不舍。

  拍摄这种毕业短视频，需要灵活应用景别、构图、运镜等专业技能，可以运用远景展示大学校园的宏伟与美丽，运用全景展示欢聚场景以体现毕业的喜悦和同学间的深厚情谊，运用中景和近景展示同学们的面部表情和细腻的情感交流，运用特写展示同学们眼中不舍的泪水。另外，精心设计的构图可使画面主次分明、视觉效果突出；可多使用跟拍镜头来增强画面的动态感；可使用现场录音，强化情感表达。最后，可以通过自然光源和人工光源的巧妙结合，营造出温暖的氛围，让短视频充满青春的气息和活力，升华该短视频的主题。

学习目标

- 掌握设置景别的方法。
- 掌握短视频的构图方式。
- 掌握短视频拍摄中运用镜头的方法。
- 掌握短视频拍摄现场的录音与布光方法。

任务一 设置景别

景别是指由于拍摄器材与拍摄对象的距离不同，拍摄对象在视频画面中所呈现出的范围大小的区别。景别是视觉语言的一种基本表达方式，现代影视作品都是由不同景别的视频画面按照影视叙事规律组合而成的，短视频也不例外。本任务将介绍拍摄短视频时经常运用的 5 种景别，以及不同景别拍摄的技巧等。

不同的景别可以使视频画面呈现出不同的效果，从而产生画面节奏的变化。景别从大到小通常可以分为远景、全景、中景、近景和特写 5 种类型，划分的标准通常是拍摄对象在视频画面中所占比例的大小（比例越大景别越小），如图 3-1 所示。

图 3-1 景别的类型

景别受两个因素影响：一是拍摄器材的位置与拍摄对象的距离，即视距，通常视距越大，景别越大，拍摄对象的细节越模糊，视频画面容纳的内容越多；视距越小，景别越小，拍摄对象越突出，受环境影响因素越少。图 3-2 所示为通过改变视距来设置景别。二是拍摄时拍摄器材使用的镜头焦距的长短，即焦距，通常焦距越长，视角越窄，景别越小；反之，焦距越短，视角越宽，景别越大。也就是说，可以通过改变拍摄器材的视距或焦距来设置景别。

图 3-2 通过改变视距来设置景别

小贴士

通俗地讲，焦距就是使用相机镜头进行视频拍摄时，拍摄对象在达到标准的清晰度时，镜头与感光元件之间的距离。

↘（一）远景

远景一般用来展现与拍摄器材距离较远的环境全貌，包括拍摄对象及其周围广阔的空间环境、自然景色和人群活动大场面等。远景相当于从较远的距离观看景物和人物，视野非常宽广，整个画面突出整体，细节部分通常较为模糊，如图 3-3 所示。

图 3-3　远景

拍摄器材拍摄的距离继续拉远，可以形成大远景。大远景通常拍摄的是遥远的风景，人物小如灰尘或不出现，用来展现宏大、深远的叙事背景，交代事件发生或人物活动的环境，以及宏大的自然景观。例如，莽莽的群山、浩瀚的海洋和无垠的草原等，如图 3-4 所示。

图 3-4　大远景

1. 远景的作用

拍摄短视频时，远景可以用来营造氛围、提升短视频的感染力、丰富故事情节，也可以用来突出、刻画人物和营造视觉冲击力，让观众更好地理解短视频的主题和情感内涵。

● **营造氛围**：通过远景来呈现故事情节的场景，能够营造出一种氛围，如浪漫、宁静、压抑、紧张等，从而传达某些特定情感。

● **突出主题**：远景可以呈现出一些象征性的元素，帮助展示短视频主题。例如，拍摄日出或日落的远景画面，象征新的开始或结束。

● **刻画人物**：通过远景来展示人物所处的环境和背景，能够突出人物的特点和个性。例如，拍摄主角在广袤山林中独自徘徊的远景镜头，可突出主角的孤独和渺小。

● **营造视觉冲击力**：远景拍摄能创造出广阔的视觉效果，营造强烈的视觉冲击力。

2. 拍摄远景的技巧

在短视频中拍摄远景可以通过运用不同的镜头或选择不同的位置，创造出不同的视角。例如，从山顶鸟瞰拍摄远景，能够带来波澜壮阔的视觉效果；从山脚低角度拍摄远景，能突出山峦的巍峨感。

拍摄远景时要考虑整体的平衡和美观，除拍摄主体外，在画面中选取如树木、云朵、天空、草地等合适的元素进行构图，这些元素能够丰富画面的层次，同时也可以展现微小而重要的细节。另外，拍摄远景也可以通过合理的色彩搭配和光线运用，营造出特殊的氛围和效果。例如，拍摄日落的远景时，可以运用暖色调的光线和色彩，将夕阳的红、橙、黄色渐变呈现在镜头前，营造出温馨浪漫的感觉。

3. 适用远景的短视频类型

拍摄短视频时，远景通常用于展示环境画面，向观众描述叙事背景，具有表现活动或场面的规模、渲染气氛、传达某种情绪的功能，其适用的短视频类型包括剧情类、时尚类和旅行类。在剧情类短视频中，远景画面配上优美的文案和音乐，可以表达某种情绪，营造某种氛围，进而感染观众；在时尚类短视频中，可以将时尚内容融入优美的远景中，或者让时尚内容与远景形成鲜明的对比；在旅行类短视频中，在远景画面中表现山脉、海洋、草原等风景，可以带给观众强烈的视觉冲击，更好地表现自然风景之优美，如图3-5所示。

图 3-5　旅行类短视频中的远景画面

↘（二）全景

全景用来展示某一具体场景的全貌或人物的全身（包括体型、衣着打扮等），以交代一个相对窄小的活动场景中人与周围环境或人与人之间的关系。全景中人物的活动信息更加突出，在叙事、抒情和阐述人与环境的关系方面可以起到独特的作用，能够更全面地表现人与人、人与环境之间的密切关系。

1. 全景与远景的区别

远景和全景常见于短视频的开端和结尾部分。一般而言，远景画面表现的是更大范围里人与环境的关系，能够让观众对主体所处的空间环境有一个完整的认知。例如，在一个旅游短视频的开头，用远景展现连绵起伏的山脉和山脚下渺小的村落，让观众先感受到壮丽的自然风光和整体的地域风貌。在结尾部分，用全景拍摄旅行者站在村落的广场中央，周围是当地特色的建筑和熙熙攘攘的人群，完整地呈现出人物与这个充满生活气息的场景之间的关系，同时也给观众留下完整而深刻的印象。

　　与远景比，全景画面会有比较明显的内容中心和拍摄对象，环境起到辅助作用。当拍摄对象为人物时，全景画面主要凸显人的动作、神态，同时画面中应该有人物周围的环境，人物通常应该超过画面高度的 1/2（为了展示人物所在的环境），但又不能超出整个画面。可以这样进行简单区别：短视频拍摄的画面如果主要以风景为主，人物在其中的高度不超过画面高度的 1/5，通常就被称为远景。远景和全景的对比如图 3-6 所示。

（a）远景　　　　　　　　　　　　　　　　　（b）全景

图 3-6　远景和全景的对比

小贴士

　　全景还可以延伸出大全景和小全景两种类型。全景中通常包含拍摄对象的全貌及其所处的小环境，在全景中能够看清楚拍摄对象的整体形象，以及主要的环境要素；大全景通常包含所有拍摄对象和周围环境，可以为观众提供更为宽广、完整和真实的视觉效果；小全景的视角范围虽然比全景小，但也能保持拍摄对象的相对完整。

---

2. 拍摄全景的技巧

　　全景镜头常作为短视频某段内容的主镜头或关系镜头，也就是说，在一个场景中拍摄全景的目的通常是引出后面的一系列中景、近景或特写镜头，全景镜头中的内容是后面相关景别镜头的叙事依据。

　　在实际拍摄短视频的过程中，拍摄全景需要根据场景的具体情况灵活应变。拍摄全景首先要确定拍摄的真实环境，然后根据实际环境的情况，预估好全景的范围和角度，以便进行合理的拍摄参数设置。

　　另外，拍摄全景最好横向拍摄，以便捕捉到更广阔的区域和更多的环境要素。

3. 适用全景的短视频类型

　　适用全景拍摄的短视频类型包括才艺类、旅行类和剧情类，如图 3-7 所示。在才艺类、旅行类短视频中，全景画面非常适合表现人物美丽的服装、人物与某个景点的"合照"等；在剧情类短视频中，全景多用于交代场景和环境信息。

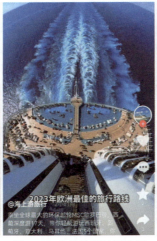

图3-7 全景拍摄的短视频

↘（三）中景

中景指人物膝盖以上的短视频画面，中景的重点是人物的上身动作，一般可以清晰地展示人物的动作和表情，也可以将环境和背景等因素融入画面中。较全景而言，中景更能细致地推动情节发展、表达情绪和营造氛围，所以，中景具备较强的叙事性。

1. 中景的作用

拍摄短视频时，使用中景可以产生如下作用。

●**展示人物情感和动作**：观看短视频时，观众通常需要看清楚各个角色的表情和动作，从而判断角色的情感和状态，使用中景能够更好地展示人物之间的互动、更好地传达故事情绪。例如，在一个短视频中，主角在夜晚沿着昏暗的街道慢慢走向远处，可以用中景展示他的背影、身体姿态，突出主角内心的孤独和寂寞，如图3-8所示。

●**增强氛围**：使用中景可以加深环境和人物的关系，增强氛围的感染力，进一步丰富画面的视觉效果。

图3-8 表现人物情感的中景画面

●**表达深层次的情感和意义**：中景不仅可以展现人物和环境，还可以通过设置镜头的位置、角度，以及适当遮挡镜头等手段，表达更深层次的情感和意义。例如，当主角通过努力爬到山顶时，可以使用中景展示主角的背影和下方的山丘，传达出主角在逆境中的自我激励和战胜困难的决心，能够给予观众鼓舞和启发。

●**传递隐含信息**：通过中景的构图和环境设定可以传递一些隐含的信息。例如，拍摄主角从门口进入房间的中景镜头，可以将门框和房间内部的环境都拍摄到其中，如果房间内的环境清新明亮，就会向观众传递愉悦和轻松的氛围，如果房间内的环境昏暗阴沉，就会让观众感到不安和压抑。

2. 拍摄中景的技巧

中景是短视频拍摄中常用的景别。在拍摄短视频时，可选择一些常用于拍摄中景的构图方式，如中心构图、三分构图和框架构图，用于表现故事内在的情感变化和隐含意义。例如，拍摄一个人坐在窗边读书，可以让人物处于窗户框内，这种框架构图方式能够突出主体，同时还能给观众一种窥视感，增加画面的故事性和吸引力。

当拍摄多个主体互动的中景时，要把握好人物之间的空间关系和眼神交流。例如，拍摄一场商务谈判的中景，要让观众能够清楚地看到双方的表情、手势以及他们之间的距离变化，可以通过调整拍摄角度，从侧面或者斜 45° 进行拍摄，这样既能展示双方的互动，又能体现出场景的空间感。

3. 适用中景的短视频类型

大部分剧情类、"三农"类短视频会以中景为主要景别，其目的是清晰地展示人物的情绪、身份或动作等。而其他类型的短视频中，只要需要表现人物的形体动作、情绪等，一般就会采用中景拍摄，如图 3-9 所示。

图 3-9　中景画面

小贴士

在以人物为主的短视频拍摄过程中，不能为了凸显景别而严格地将视频画面边框设置在人物的脖子、腰、腿和脚等位置，而要更加灵活地进行调整，使画面更自然。

拍摄中景人物的技巧

（四）近景

近景是指拍摄人物胸部以上的视频画面，有时也用于表现景物的某一局部。近景拍摄的视频画面可视范围较小，人物和景物的尺寸足够大，细节比较清晰，因此非常有利于表现人物的面部表情神态或其他部位的细微动作，以及景物的局部状态，这是中景、远景和全景所不具备的特性。正是由于这种特性，近景非常适合于短视频拍摄，常用于表现人物的面部表情、传达人物的内心世界、刻画人物性格。

1. 近景的作用

拍摄短视频时，使用近景有如下作用。

● **表现细节**：拍摄器材离拍摄对象越近，背景和环境因素的功能就越弱，视频画面中的拍摄对象也就越少。所以，短视频为了展示更多的内容，需要将镜头集中到一些细节之处，而这些细节表现就需要使用近景。例如，拍摄美食类短视频时，近景拍摄可以让观众能够将视线聚焦于厨师烹饪的细节，如手指的动作、菜刀的轨迹、食材的纹理等，这些内容能更深入地展现厨师的技艺和食材的品质。

● **刻画角色性格**：近景往往具有刻画角色性格的作用，通常以人物的面部表情和细微的动作来体现。例如，要在短视频中展现主角的自信，就可以利用近景拍摄主角微昂的头、充满自信的眼神，以及微微扬起的嘴角等。

2. 拍摄近景的技巧

拍摄短视频时，通常选择长焦镜头或微距镜头来进行近景构图，以便让观众更好地看到人物或动物的面部表情和动作细节，以及物品的外部特征。拍摄近景还需要注意光影和背景的设计，恰当的光影有助于突出拍摄对象的细节，或者通过虚化背景，使拍摄对象更加突出。

在拍摄近景时，因为需要非常接近拍摄对象，所以镜头离拍摄对象会很近，这时，如果拍摄器材不稳定，就很容易出现抖动，导致画面变得模糊不清。

3. 适用近景的短视频类型

近景更适合屏幕较小的手机，有助于观众看清短视频的全部内容，因此大部分的短视频类型都适合采用近景拍摄，尤其是短视频的拍摄对象是人物、动物、物品等，如图3-10所示。

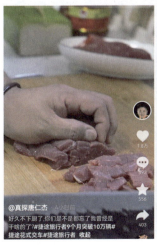

图3-10　近景画面

↘（五）特写

特写是指画面的下边框在成人肩部以上的头像，或其他拍摄对象的局部。由于特写拍摄的画面视角最小，视距最近，整个拍摄对象都充满画面，所以特写能够更好地表现拍摄对象的线条、质感和色彩等特征。拍摄短视频时使用特写镜头能够向观众提示信息，营造悬念，还能细微地表现人物面部表情，在描绘人物内心活动的同时带给观众强烈的印象。

1. 特写的类型

特写可以分为普通特写和大特写两种。

●**普通特写**：普通特写是通过拍摄器材在很近的距离内拍摄主体的某个局部形成的。普通特写通常可以放大画面并凸显出细节，以达到突出画面重点和强调情感的作用。普通特写着重展示人物或物体的多方面、多局部的形象和特征，以便观众将其组合在一起，从而有一个相对完整的认知。图3-11所示为短视频中物品的普通特写。

●**大特写**：大特写又称为细节特写，指拍摄器材在非常近的距离内拍摄主体的某个局部，突出表现其细节和特点。与普通特写相比，大特写可以用于展示人物某个部位的具体特征和状态、突出物品的某个细节和特点、展现场景的某些元素和氛围等，可以增强画面的艺术性、视觉效果和吸引力。例如，在一些短视频中，将镜头焦点聚集在人物的眼睛上，通过放大眼睛的细节强调人物的情感，如图3-12所示。

图3-11　普通特写

图3-12　大特写

2. 特写的作用

相对于其他景别，特写景别拍摄的画面更加单一，基本上没有背景。在拍摄短视频时，使用特写，主要有以下作用。

●**表达情感**：为了在有限的时间内让观众更好地感受角色内心的情感表达，需要运用特写景别，放大拍摄对象的表情、动作等细节。例如，特写拍摄病人的眼神、表情和手势等，展示病人的痛苦与无助等情感。

●**突出个性**：通过特写可以在短时间内让观众对演员有深刻的印象。例如，在一些剧情类短视频中，当女演员羞涩微笑时，拍摄其眼睛的特写，观众就能清晰感受到其内心的纯真和喜悦，从而对其留下深刻印象。

●**突出细节**：特写可以放大拍摄对象的细节，使观众能够更加清晰地看到细小的元素或特点，如人物的表情、手势、眼神，产品的细节设计，场景的构造等，强调其重要特性，让观众更加聚焦和注重特写所展示的信息。

3．拍摄特写的技巧

在拍摄特写时，可以突出画面的细节，让观众更加深入地了解画面中的事物。例如，在拍摄瓷器时，可以使用特写展示其花纹、颜色、纹理等细节，从而使拍摄出来的瓷器更加鲜活、具有质感。

还可以尝试从不同的角度拍摄特写镜头，以展现主体的不同特征，如正面平视拍摄，展现主体的对称美；从上方或下方的斜角拍摄，创造出新颖的视觉效果。例如，拍摄美食特写时，从上方斜角拍摄展示食物的整体造型和配料分布，而从下方斜角拍摄则可以突出食物的高度和层次感。

另外，由于特写镜头对细节要求很高，所以拍摄时一定要保持拍摄器材的稳定。

4．适用特写的短视频类型

特写一般出现在剧情类或带有情绪表达的短视频中，现在很多美食类、时尚类和生活类短视频也会采用特写镜头，让观众更能看清楚细节，如图 3-13 所示。

图 3-13　特写画面

小贴士

通过不同景别拍摄的短视频能够更全面、有层次地展现画面内容，增强短视频的视觉效果和叙事能力，吸引观众的注意力。

任务二　设计构图

短视频中的构图可以理解为通过在合适位置添加各种视觉元素，并合理构建这些元素，从而突出短视频拍摄的主体。构图是摄影摄像语言中十分重要的元素之一，也是影响短视频画面质量和观众审美感受的一个至关重要的因素。本任务将通过学习画面的主次分配、构图的目的和要求，以及常用的影视构图方式等内容，来学习短视频构图。

↘（一）画面的主次分配

在短视频的构图中，主体、陪体和环境是不可或缺的 3 个元素，三者之间的主次分配非常重要，需要合理取舍，寻找合适的搭配方式，以达到较佳的视觉效果。

1. 主体

在短视频的构图中，主体是最重要、最突出的元素之一，其在画面中所占比例也往往较大。主体可以是人、物品、动物等，是故事情节的焦点，也是吸引观众关注的重点。主体在构图中的位置、角度、大小和姿态等都能够影响画面的效果和表现力，且主体在构图中的位置和角度也需要与剧情相呼应。同时，在构图中，主体还需要与陪体和环境合理搭配，使画面更加丰富多彩，营造出符合短视频主题和内容的氛围。

2. 陪体

在短视频的构图中，陪体是指辅助主体凸显主题和表达情感的元素，陪体可以是其他物品、人物。陪体在画面中的位置、角度和大小都需要与主体相呼应，以使画面完整和谐。在拍摄人物时，通过合理的陪体安排，可以更好地衬托人物形象，突出其特点和个性；在拍摄物品时，陪体可以起到衬托作用，让物品显得更重要和珍贵。例如，拍摄主体是孩子的短视频时，如果拍摄只有孩子的画面，就会比较单调，如果在画面中加入玩具、课本等物品陪体，或者父母、老师、同学等人物陪体，就能增强画面表现力和故事情感的表达，画面也会变得更加生动有趣。

3. 环境

环境是主体和陪体所处的物质和非物质因素的总和，包括人物、景物和空间等，是短视频画面的重要组成部分。在短视频的构图中，环境的作用主要是烘托气氛、突出主体、强化主体的表现力、丰富画面层次。构图时可以将环境分为以下 4 个层次。

● **前景**：前景指离观众最近的景物，通常在画面中占据较大的比例，用于突出主体和陪体，并丰富画面或引导观众的视觉流向。

● **中景**：中景指位于前景和背景之间的景物，通常用来补充和丰富前景及背景的内容，增加画面的层次感。

● **背景**：背景指离观众最远的景物，通常用来衬托前景和中景，或者为主体和陪体提供一个更广阔的场景。

● **留白**：留白通常由空镜头来完成，可以与有主体的镜头形成互补，是阐明中心思想、抒发感情意境的重要手段之一。

> **小贴士**
>
> 留白是中国传统艺术的一个重要表现手法之一，在中国绘画、书法、诗歌等艺术形式中被广泛应用，具有独特的表现力和审美价值，体现了中国传统艺术在审美上的追求。

↘（二）构图的目的和要求

构图不仅可以引导观众的视觉焦点，还能够直观地表明视频画面中的主次，并向观众传达一种情绪。例如，图 3-14 所示的风景短视频画面中，对于左侧画面，大多数人的视觉焦点通常会集中在远方的晚霞和海浪处，而对于右侧画面，视觉焦点通常会首先集中在海螺上，然后才会转移到海浪和远方的晚霞。也就是说，短视频可以通过构图来影响观众的观看顺序和层次。另外，左侧画面通常只能表现一种自然之美，而右侧画面则增添了一丝孤独寂寥的感觉，向观众传达了不同的情感。

图 3-14　风景短视频画面

　　在拍摄短视频的过程中，虽然存在着很多随机的、个人化的创作理念和画面处理方式，但还是需要满足突出主体的基本要求。首先，观众观看短视频大多是一次性的行为，因此短视频画面的构图一定要突出拍摄主体。例如，在拍摄双人对话时，需要将主体（主角）放在视频画面最中间并面向镜头，陪体（配角）则放在画面的边角；如果主体（主角）侧向镜头，陪体（配角）则通常不出现在视频画面中。其次，短视频构图应避免过多无关元素，同时选择简单背景或利用拍摄技巧简化背景，这样观众的注意力才能集中在拍摄主体本身。

↘（三）常用的影视构图方式

　　影视构图方式是指在影视剧中常用的构图方式，包括三分构图、九宫格构图、均衡构图、希式构图等。拍摄短视频时可以参考这些构图方式。

　　● 三分构图：三分构图就是将整个画面从横向或纵向等分成3个部分，将拍摄主体放置在三分线的某一位置。这样不仅能突出拍摄主体，让画面紧凑且具有平衡感，也使整个画面显得和谐且充满美感，如图3-15所示。

　　● 九宫格构图：九宫格构图是十分常见且基本的构图方式，是指将整个画面在横、竖方向各用两条直线等分成9个部分，将拍摄主体放置在任意两条直线的交叉点（也称视线焦点）上，既凸显主体的美感，又能让整个画面显得生动形象，如图3-16所示。

图 3-15　三分构图

图 3-16　九宫格构图

● **均衡构图**：均衡构图是指视觉比重均匀分布于短视频画面各个区域的构图方式。这种构图的画面中，物体的大小、颜色、亮度及摆放位置等都会对其相对应的视觉分量产生影响，当物体均匀分布于画面时就能形成均衡构图，达到整齐、一致的效果。在短视频中使用均衡构图能给观众传递一种整齐、严肃、冷静的感觉。

● **希式构图**：希式构图是导演希区柯克常用的构图方式，是指将画面中物体大小与物体所处故事内容中的重要性关联起来的一种构图方式。当短视频画面中有一个或多个视觉元素时，使用希式构图可以制造紧张或悬疑的效果。

【例3-1】在手机中设置九宫格引导线。

为方便拍摄短视频时进行构图，下面以华为Mate 60手机为例，在其中设置九宫格引导线，具体操作步骤如下。

① 在手机主界面中点击"相机"图标，点击右上角的"设置"图标。

② 进入"设置"界面，在"通用"栏中点击"参考线"选项右侧的滑块，将其启动，然后使用手机拍摄短视频时，即可看到九宫格引导线，如图3-17所示。

图 3-17　设置九宫格引导线

↘（四）突出拍摄主体的构图方式

对于短视频拍摄来说，突出主体非常重要，因此可以采用一些特殊的构图方式来实现这一目的，这些构图方式包括对角线构图、辐射构图、中心构图和三角形构图。

● **对角线构图：** 对角线构图是指利用对角线进行的构图，它将拍摄主体安排在对角线上，能有效利用画面对角线的长度，使画面产生立体感、延伸感、动态感和活力感，是一种导向性很强的构图方式，如图3-18所示。对角线构图可以体现动感和力量，线条可以从画面的一边穿越到另一边，但不一定要充满镜头。使用此类构图方式可以更好地展示主体，适用于拍摄旅行类、美食类和时尚类等短视频。

● **辐射构图：** 辐射构图是指以拍摄主体为核心，景物向四周扩散辐射的构图方式，如图3-19所示。这种构图方式可使观众的注意力集中到拍摄主体，然后又能使视频画面产生扩散、伸展和延伸的效果，常用于需要突出拍摄主体而其他事物多且复杂的场景。

● **中心构图：** 中心构图是将拍摄主体放在视频画面的正中央，以获得突出主体的效果。使用中心构图不仅可使主体突出、明确，且画面容易取得左右平衡的效果，这种构图方式在短视频拍摄中十分常用，如图3-20所示。

图3-18　对角线构图　　　　图3-19　辐射构图　　　　图3-20　中心构图

● **三角形构图：** 三角形构图是指在画面中构建三角形元素来拍摄主体内容，可以增添画面的稳定性。三角形构图常用于拍摄人物、建筑、山峰、植物枝干等。

↘（五）拓展视觉空间的构图方式

无论是图片还是视频，都无法完全呈现人眼所能看到的视觉范围，但使用一些特殊的构图方式可以尽可能地延伸视线和画面，拓展视觉空间，这些构图方式包括对称构图和引导线构图等。

● **对称构图：** 对称构图是指拍摄主体在画面正中垂线两侧或正中水平线上下，对等或大致对等。这种构图方式拍摄的画面具有布局平衡、结构规整、稳定有序等特点，能使人产生稳定、安逸和平衡的视觉感受，如图3-21所示。常使用对称构图拍摄的内容包括举重、蝶泳、水中倒影、图案样式的灯组、中国古建筑、某些器皿用具等。

● **引导线构图：** 引导线构图是在场景中通过有力的引导线，串联画面主体与背景元素，吸引观众的注意力，完成视觉焦点转移的构图方式，如图3-22所示。画面中的引导线不一定是具体线条，也可以是一条小路或小河、一座栈桥、喷气式飞机拉出来的白线、桥上的锁链，甚至是人的目光等，只要符合一定的线性关系，都可作为引导线进行构图。

图 3-21　对称构图

图 3-22　引导线构图

↘（六）提升视觉冲击力的构图方式

短视频创作的基本目标是吸引观众观看，如果能带给观众视觉上的冲击，就更有可能获得观众的关注。提升视觉冲击力的构图方式包括框架构图、高 / 低角度构图。

● **框架构图**：框架构图是指在场景中利用环绕的事物强化突出拍摄主体，也称景框式构图，如图3-23所示。使用框架构图，会让画面充满神秘感和视觉冲动，引起观众的观看兴趣并将视觉焦点集中在框架内的拍摄主体上。常用的环绕框架的元素包括门、篱笆、自然生长的树干、树枝、窗、拱桥和镜子等。

● **高角度构图**：高角度构图是指从一个较高的视角对拍摄主体进行拍摄的构图方式，如图3-24所示。这种构图方式可以呈现出人物的形象和性格特征，同时也能够突出场景的开阔，带给观众视觉冲击感，在拍摄物品或动物的短视频中很常见。

● **低角度构图**：低角度构图是指从一个较低视角对拍摄主体进行拍摄的构图方式，能带来较强的视觉冲击力，如图3-25所示。使用这种构图方式拍摄短视频时，通常需要蹲着、坐下、跪着或躺下才能使拍摄主体产生高大、巍峨的感觉。

图 3-23　框架构图

图 3-24　高角度构图

图 3-25　低角度构图

小贴士

短视频受播放设备屏幕较小、内容节奏较快等因素的影响，在进行画面构图的时候，应该首先保证拍摄主体的清晰，也就是说，突出拍摄主体是短视频构图的基本原则。

任务三 运用镜头

镜头通常是指一系列拍摄器材拍摄到的连续画面，也是通过拍摄器材拍摄画面的一种实现方式。镜头是短视频创作的基本单位，通过各种镜头的运用组合可以制作出视觉效果丰富的短视频，吸引更多观众的注意力。本任务将通过介绍多种镜头的功能和拍摄技巧，帮助大家学习在拍摄短视频过程中运用镜头的方法。

↘（一）固定镜头

固定镜头是在一个镜头的拍摄过程中，拍摄器材的位置、镜头光轴和焦距都固定不变，而拍摄对象可以呈静态或动态。固定镜头在短视频拍摄中很常用，可以在固定的框架下，长久地拍摄运动或静态的事物，从而体现事物发展规律。

【例 3-2】解析短视频中的固定镜头。

短视频达人山白拍摄的短视频主要是制作中国传统物件的内容。山白拍摄的短视频使用了大量固定镜头，如图 3-26 所示，详细地展现了制作传统物件的静态环境和制作细节，让观众更加清晰地感受到传统技艺。此外，固定镜头拍摄的短视频成功地营造了一种安静、专注的氛围，让观众能够更加沉浸式地欣赏传统物件的制作过程，从而更加深入地感受到传统文化的魅力和价值。

图 3-26 固定镜头拍摄的短视频画面

1. 固定镜头的功能

在影视剧拍摄中，固定镜头被认为是一种古老、经典的造型方法，在内容的表达上发挥着巨大作用。而在短视频拍摄中，固定镜头有以下 5 个重要功能。

● **展示细节：**虽然不像运动镜头那样具有动感和冲击力，但固定镜头由于其稳定的视角和静止的框架，能够精确地捕捉和展示框架中主体的细节。无论是人物的表情、动作，还是物品的纹理、形状，固定镜头都能够以清晰、稳定的方式呈现给观众。

● **设置悬念：**固定镜头的边框具有半封闭性的特点，观众看到的视频画面有一定程度的局限，通过只展示拍摄对象的部分内容，能够引起观众的好奇，让观众对边框外的内容产生想象。例如，固定镜头拍摄的短视频中女主角捂着自己的嘴，一脸惊讶的表情并流下激动的眼泪，观众就会猜想女主角是被男友求婚，还是看到了长久不见的亲人？

● **表现静态环境**：固定镜头特别适用于展现静态环境。通过固定镜头拍摄的远景、全景等画面，可以清晰地交代事件发生的地点和环境，为观众提供直观的视觉感受。

● **客观记录**：固定镜头使拍摄器材处于静态旁观的位置，不参与到短视频内容场景中，具有客观性。因此，使用固定镜头拍摄的画面能够比较客观地记录和反映拍摄主体的运动速度和节奏变化，使观众能够更真实地感受拍摄主体的变化过程。

● **强调重要信息**：在需要强调某个重要信息或元素时，可以使用固定镜头来突出展示。通过将镜头对准某个关键拍摄对象并保持一段时间，可以引导观众的注意力并加深其对该拍摄对象的印象。

2. 固定镜头的拍摄技巧

使用固定镜头拍摄时，短视频拍摄者需要注意以下4点技巧。

● **动静对比**：固定镜头中最重要的表现手法就是动静对比，通常是拍摄主体动，参照物和背景不动。例如，拍摄下雪的短视频画面时，雪花是拍摄主体，整个画面中只有雪花在运动，观众自然就会将视觉焦点集中在雪花上，如图3-27所示。当然，如果短视频画面中大部分物体在运动，那么静止的物体反而会吸引观众的注意。

● **展现纵深空间**：相对于图片，短视频画面更能展示三维空间，即具备纵深属性。使用固定镜头拍摄时，要充分展现纵深空间，也就是使画面中包含前景、中景和背景3个层次。图3-28所示的短视频画面中，人和制作工具处于中心位置，其他背景都被虚化，前后关系清晰，层次递进，形成了一个较空旷的纵深空间。

图3-27 固定镜头拍摄的雪景　　图3-28 展现纵深空间的短视频画面

● **准备固定装置**：固定镜头对稳定性有较高要求，所以拍摄时需要为拍摄器材准备好固定装置，如脚架或稳定器等。

● **注意补光**：使用固定镜头拍摄时需要保证主体在短视频中能长时间清晰呈现，所以，在室内使用固定镜头拍摄时，最好使用补光灯进行人工补光，从而保证光线充足。

（二）运动镜头

运动镜头是指通过改变拍摄器材的位置，或改变镜头焦距而拍摄的镜头。短视频拍摄中常用的运动镜头主要包括以下6种。

1. 推镜头

推是在拍摄对象不动的情况下，拍摄器材匀速接近拍摄对象的向前推进的拍摄方式，用这种方式拍摄的镜头被称为推镜头，如图3-29所示。推镜头的取景范围由大变小，形成由远及近、连续递进的视觉前移效果，给人一种身临其境的感觉。

图3-29　推镜头拍摄

（1）主要作用

推镜头主要用于突出拍摄主体，此外还有以下作用。

● 推镜头可以从特定环境中突出某个细节或重要情节，使短视频画面更具说服力。

● 推镜头可以介绍整体与局部、客观环境与主体人物之间的关系。

● 推镜头的画面效果能明显加强拍摄对象的动感，仿佛加快了其运动速度。

● 推镜头的运动速度可以影响短视频画面的节奏，从而营造不同的氛围或引导观众的情绪。例如，推镜头缓慢而平稳，可以展现出安宁、幽静、平和或神秘等氛围；推镜头急速而短促，则可以展现出一种紧张、不安的氛围，或激动、气愤的情绪。

（2）拍摄注意事项

使用推镜头拍摄短视频时，有以下4个注意事项。

● **落幅画面是重点**：推镜头通常分为起幅（开始的场面）、推进和落幅（结束的场面）3个部分，但拍摄的重点是落幅。例如，拍摄美食达人试吃食物时，应将落幅停留于达人面部享受的表情，突出食物的美味。

● **保证推镜头的操作**：起幅要留有足够的时间，通常为5秒以上；推进要保证稳、准、匀、平；落幅要体现出与起幅的景别差异。

● **保证拍摄主体的中心位置**：拍摄主体在镜头推进过程中应始终处于画面中心。

● **推镜头的速度与短视频中画面的情绪和节奏一致**：推镜头的速度应与剧情相契合。例如，在剧情高潮时，使用急速推进的推镜头，让视频画面从稳定到急剧变动，可以带给观众极强的视觉冲击，产生反差、震惊的戏剧效果。

【例 3-3】使用推镜头拍摄城市落日短视频。

在拍摄风景类、美食类或时尚类短视频过程中，经常会使用推镜头来突出拍摄主体，下面以华为 Mate 60 手机为例，使用推镜头来拍摄城市落日短视频，具体操作步骤如下。

① 先找到合适的拍摄位置，这里选择一个湖边，将手机横向手持，使用三分构图，使湖水在画面下边的三分线上。在手机主界面中点击"相机"图标，点击"录像"选项，点击"W"图标，使用广角拍摄，能够拍摄出更加广阔的画面，以此显示城市和落日的美景。

② 点击"录制"按钮，开始拍摄短视频。然后使用推镜头，缓缓走向落日，当向前走了两米后，站住不动，通过放大焦距突出落日美景（配套资源：\ 效果文件 \ 项目三 \ 城市落日 .mp4），如图 3-30 所示。

图 3-30　推镜头拍摄城市落日

2. 拉镜头

拉是在拍摄主体不动的情况下，拍摄器材匀速远离拍摄主体的向后拉远的拍摄方式，使用这种方式拍摄的镜头被称为拉镜头，如图 3-31 所示。与推镜头正好相反，拉镜头能形成视觉后移效果，且取景范围由小变大。

图 3-31　拉镜头拍摄

（1）主要作用

拉镜头除了可用于表现拍摄主体和主体所处环境间的关系外，还有以下作用。

● 拉镜头可通过纵向空间和纵向方位上的画面形象形成对比、反衬或比喻等效果。

● 拉镜头可以将画面中的细节元素全部展现在观众面前，突出细节，凸显画面重点，从而达到强调画面细节元素的效果。

● 从视觉感受上来说，拉镜头往往有一种远离感、谢幕感、退出感、凝结感和结束感，因此拉镜头适合在短视频的结尾处，作为结束性和结论性的镜头。

● 拉镜头由起幅、拉出和落幅 3 部分组成，起幅是从主体局部切入，当镜头逐渐拉出时，画面从细节扩展到包含更多背景信息的全景或远景，这种动态变化过程很自然地可以连接两个不同的场景，所以，拉镜头在影视剧中常被用作转场镜头。

（2）拍摄注意事项

拉镜头与推镜头最大的区别就是拍摄器材的运动方向正好相反，而二者在拍摄注意事项上则大致相同，这里不再赘述。

3. 摇镜头

摇是在拍摄器材位置固定的情况下，以该器材的位置为中轴固定点，通过拍摄器材本身的水平或垂直转向进行拍摄，用这种方式拍摄的镜头被称为摇镜头。摇镜头类似人转动头部环顾四周或将视线由一点转向另一点的视觉效果。摇镜头包含起幅、摇动和落幅3个部分，便于表现运动主体的动态、动势、运动方向和运动轨迹。摇镜头通常用于拍摄视野开阔的场面及群山、草原、沙漠、海洋等宽广深远的景物，另外也用于拍摄运动的物体。例如，利用摇镜头拍摄一群男生在球场上打球的视频画面，如图3-32所示。

图3-32　摇镜头拍摄的视频画面

（1）主要作用

摇镜头主要有以下作用。

● 摇镜头将视频画面向四周扩展，提升了视觉张力，使空间和视野更加开阔。例如，拍摄旅游类短视频时，可多用远景摇镜头展示远处四周美丽的风景。

● 水平摇镜头可以拍摄超宽、超广的物体或景物，特别适用于中间有障碍物、不能靠近拍摄的场景；垂直摇镜头可以拍摄超高、超长的物体或景物，能完整而连续地展示其全貌。

● 摇镜头可以将两个物体联系起来表示某种暗喻、对比、并列、因果关系，暗示或提醒观众注意两者间的关系，使观众随着镜头的运动而思考。例如，从教室外辛勤劳作的蜜蜂摇到教室里认真教学的老师。

● 利用非水平的倾斜摇镜头、旋转摇镜头，可以表现一种特定的情绪和气氛。例如，倾斜摇镜头可以破坏观众欣赏画面时的心理平衡，造成一种不稳定感和不安全感，如图3-33所示。

图3-33　倾斜的摇镜头拍摄

● 在一个稳定的起始视频画面后，利用极快的摇镜头使画面中的形象全部虚化，形成可以表现运动主体的动态、动势、运动方向和运动轨迹的画面，这种摇镜头在拍摄动物或体育竞技类的短视频中比较常见。

● 用摇镜头拍摄的视频画面中可以加入与场景不合适的物体，如在一个破败的中式房屋内，桌子上放置一个西式小丑玩偶，可以制造悬念并形成视觉注意力的起伏，这在很多悬疑剧情类短视频中经常使用。

● 摇镜头是视频画面转场的有效手法之一，可以通过空间的转换、拍摄主体的变换，引导观众视线由一处转到另一处，转移观众的注意力和兴趣点。

● 慢摇镜头可以将现实中两个相距较近的事物，在画面中表现得相距较远；反之，快摇镜头可以将现实中两个相距较远的事物，在画面中表现得相距较近。

（2）拍摄注意事项

使用摇镜头拍摄短视频时，有以下两个注意事项。

● **明确拍摄目的**：摇镜头通常会让观众对后面的视频画面产生某种期待，因此，使用摇镜头拍摄时一定要有目的性，即落幅画面与起幅画面之间要有一定的联系，否则，观众的期待就会变成失望和不满，并影响观赏情绪。

● **保证摇镜头的操作完整**：只有一个完整的摇镜头才能表达出视频画面的美感，通常使用摇镜头拍摄时应当体现画面运动的平衡，起幅、落幅准确，摄像速度均匀，间隔时间充足。

4. 移镜头

移是指将拍摄器材架在活动物体上，随之运动并进行拍摄，使用这种方式拍摄的镜头被称为移动镜头，简称移镜头，如图3-34所示。拍摄器材运动使得短视频的画面框架始终处于运动中，拍摄对象不论处于运动还是静止状态，都会呈现出一定的动感。移镜头能直接调动观众生活中运动的视觉感受，不断变化的背景让视频画面表现出一种流动感和变化感，使观众产生一种身临其境的感觉。

图3-34　移镜头拍摄

（1）主要作用

移镜头有水平方向的左右移动，以及随着复杂空间进行的曲线移动等方式。移镜头主要有以下作用。

● 移镜头能表现空间的完整统一和角色的心理情绪，这虽然与摇镜头的作用相同，但移镜头需要移动拍摄器材，所以，移镜头相比摇镜头能更好地表现复杂空间。

● 移镜头可以做直线或曲线运动，能够完整地展现复杂的环境或场景，开拓画面的空间，创造出独特的视觉艺术效果。

● 移镜头能表现大场面、大纵深、多景物、多层次等复杂空间的完整性和连贯性。

● 移镜头可以表现某种主观倾向，更能体现出真实感和现场感，拍摄这种移镜头往往可以借助短视频中某一角色的主观视角进行移动拍摄。

（2）拍摄注意事项

使用移镜头拍摄短视频时，有以下 5 个注意事项。

● 移镜头拍摄需要保证画面的稳定性，可铺设滑轨或安装稳定器。

● 使用移镜头拍摄短视频时，由于拍摄器材一直在运动，因此摄像人员需要加强对画面构图的控制能力。

● 使用移镜头拍摄时要注意控制时长，移镜头必须达到一定的时长才能体现运动特性，但不是说时长越长越好，应该适可而止。

● 拍摄移镜头要注意衔接问题，包括速度的衔接、方向的衔接、光线与影调的衔接，以及景别的衔接等，保持画面正常流畅。

● 无论是借助工具还是人为移动拍摄器材，都需要关注安全问题，最好请团队成员帮忙注意，保证设备和人员的安全。

5. 跟镜头

跟是拍摄器材始终跟随拍摄主体一起运动的拍摄方式，用这种方式拍摄的镜头被称为跟镜头，如图 3-35 所示。跟镜头通常分为前跟（拍摄器材在拍摄对象前面）、后跟（背跟，拍摄器材在拍摄对象后面）和侧跟（拍摄器材在拍摄对象侧面）3 种类型。与移镜头不同，跟镜头的运动方向虽然不规则，但是要使拍摄对象始终保持在视频画面中且位置相对稳定。

图 3-35　跟镜头拍摄

（1）主要作用

跟镜头主要有以下作用。

● 跟镜头拍摄的视频画面的视觉方向就是拍摄时的视觉方向，画面表现的空间就是拍摄主体看到的视觉空间。这种视向合一的特点将观众的视线跟着拍摄主体的运动轨迹一起移动，为观众带来强烈的现场感和参与感。

● 跟镜头拍摄的视频画面不仅能让观众仿佛置身于现场，成为事件的"目击者"，而且还表现出一种客观记录的姿态，体现更强的真实性。

● 跟镜头能详细且连续地记录运动中的拍摄对象，在突出拍摄对象的同时可以交代拍摄对象的运动方向、速度以及与周边环境的关系。

（2）拍摄注意事项

使用跟镜头拍摄短视频时，有以下 3 个注意事项。

● 跟镜头拍摄时一定要紧跟拍摄对象，否则会让视频画面产生一种漫不经心的游离感。

● 跟镜头最好在背景影调略深的场景中进行拍摄，使拍摄对象显得明亮并与背景分离，通常采用逆光拍摄的效果更好。

● 使用跟镜头拍摄时，拍摄器材运动的速度与拍摄对象的运动速度要保持一致，避免出现拍摄对象离开视频画面，然后再次出现在画面中的情况。

6. 升降镜头

升降是拍摄器材借助升降装置等一边升降一边拍摄的方式，使用这种方式拍摄的镜头被称为升降镜头，如图 3-36 所示。升降镜头能带来画面视域的扩展和收缩感，并由于视觉焦点的连续变化而形成多角度、多方位的多构图效果。

图 3-36　升降镜头拍摄

（1）主要作用

升降镜头包括垂直升降、弧形升降、斜向升降和不规则升降等多种方式，拍摄时一定要控制好速度和节奏。利用升降镜头拍摄短视频主要有以下作用。

● 升降镜头有利于表现高大物体的各个局部，以及纵深空间的点面关系。

● 升降镜头大多用于拍摄环境和展现气氛，能够加强戏剧效果。

● 升降镜头有助于实现一个镜头内的内容转换与调度。

● 升降镜头的升降运动可以表现出画面内容中感情状态的变化。例如，当镜头向上提升时，画面的视野逐渐开阔，观众的视角从局部扩展到整体，这种变化会给人一种情绪上的超脱感；相反，镜头下降时，视野逐渐缩小，观众则可能会产生一种压迫感。

（2）拍摄注意事项

使用升降镜头拍摄短视频时，有以下 3 个注意事项。

● 升降镜头容易让观众感受到摄像人员或导演的主观意图，从而产生对画面的"距离"感，因此升降镜头应慎用，特别是拍摄纪录片或微电影时更应慎重考虑。

● 利用升降镜头拍摄不同高度下的同一主体时，随着高度的变化，拍摄的焦点也会随之变化，要注意调整焦点，确保拍摄的画面清晰明了。

● 升降镜头的速度决定了画面的节奏感，过快或者过慢的速度都可能会影响观众的观看体验。拍摄短视频时，可以借助辅助设备来保持升降镜头的稳定和速度。

↘（三）主客观镜头

主客观镜头也是短视频拍摄中常用的镜头类型。主观镜头大多出现在剧情类、旅行类和体育类短视频中，而客观镜头则运用得更为广泛。

（1）主观镜头

主观镜头的主要功能是增加观众的代入感，让观众产生身临其境的视觉体验，起到渲染情绪的作用。以下 3 种镜头都属于主观镜头的范畴。

●**拍摄器材的视点直接代表短视频中某个角色的视点的镜头**：这种镜头所展示的画面是观众与角色视点结合后，呈现出的效果，可以使观众"介入"或"参与"到剧情中，从而产生与角色相似的主观感受和心理认同。例如，短视频中常见的将运动相机佩戴在胸口，或手持拍摄器材，以第一人称的方式拍摄并呈现的画面。

●**明显具有主观表现性的镜头**：这种镜头既可以是角色臆想或幻想的主观感受镜头，也可以是虚构物件的视点镜头。通过特殊的镜头运动、剪辑等手法，来呈现角色内心的想法、幻想或回忆等，使观众了解角色的内心世界。

●**表示拍摄者主观评论的镜头**：这种镜头就像是拍摄者通过镜头主动地和画面中的人或物进行互动。比如，在拍摄某种水果时，镜头慢慢靠近，并且有轻微上下打量的动作，这就像是拍摄者在说："我对这种水果很感兴趣，我想仔细看看"。这种镜头通常反映了拍摄者的个人观点、审美偏好或对事情的解读。

（2）客观镜头

从第三者的角度（或以中立的态度）来叙述和表现的镜头，统称为客观镜头。客观镜头通常直接模拟拍摄器材或观众的眼睛，客观地描述人物活动和情节发展。这种拍摄方式通常用来展现短视频剧情的整体情节，让观众了解剧情的背景以及所有角色之间的关系，增加观影体验。

【例3-4】解析短视频中的主客观镜头。

在短视频《比赛》中，观众以第三人称的视角看到了男女主角发生对话和动作的视频画面，因此这是一个客观镜头，如图 3-37 所示。剧情继续往下发展，当男主角发言时，观众看到的是男主角的特写画面，这是女主角的主观镜头，如图 3-38 所示。当女主角发言时，观众看到的是女主角的特写画面，这是男主角的主观镜头，如图 3-39 所示。

图 3-37　客观镜头

图 3-38　女主角的主观镜头

图 3-39　男主角的主观镜头

小贴士

　　主客观镜头的区分不是绝对的，有时候可以相互变换。例如，如果在短视频《比赛》中加入一个孩子的特写镜头，之后再展示图 3-37 所示的男女主角发生对话和动作的视频画面，那么这些镜头就不再是客观镜头，而是孩子这一人物的主观镜头。

↘（四）其他常用镜头

　　除以上所述镜头外，在短视频拍摄中还有一些比较常用的镜头，包括空镜头、长镜头、俯视和仰视镜头、360°环拍镜头等。

1. 空镜头

　　空镜头是指视频画面中只有自然景物或场面环境而不出现人物（主要指与剧情有关的人物）的镜头。空镜头的主要作用是介绍环境背景和时间、空间，抒发人物情绪及表达拍摄者的态度，也是加强短视频艺术表现力的重要手段。空镜头有写景和写物之分，前者统称为风景镜头，往往用全景或远景表现；后者称为"细节描写"镜头，一般采用近景或特写表现。

　　短视频的拍摄中，在开头使用空镜头可以介绍整个故事发生的环境，或者以景物传递浓烈的感情，在结尾使用空镜头可以对短视频内容进行总结。空镜头常常让观众产生想象，使观众暂时离开视频内容的叙述，去感受事物的情绪色彩。例如，一个讲述乡村生活的短视频，其开头画面是一片宁静的田野，微风轻轻吹过金黄的麦浪，远处有袅袅升起的炊烟，如图 3-40 所示。观众可以通过这个空镜头快速了解到故事发生的环境——一个美丽的乡村。同时，这样的画面也传递出一种温暖、宁静的氛围，为接下来的故事设定了基调。

图 3-40　空镜头

2. 长镜头

　　长镜头就是用一段较长的时间，对一个场景进行连续拍摄，形成一个比较完整的镜头段落。通常超过 10 秒的镜头可以称为长镜头。长镜头所记录的时空通常是连续的，因此所表现的事态的进展也是连续的，具有很强的真实性。

　　（1）类型

　　长镜头通常分为静态、移动追踪、运动和光圈变化 4 种类型。

　　●**静态长镜头**：静态长镜头只是单纯地将拍摄器材保持在一个位置上，不进行平移、旋转或其他操作，连续拍摄一个场景所形成的时间较长的镜头。例如，在房屋修建、改造和布置的短视频中，就常用静态长镜头连续拍摄并记录整个过程，静态长镜头有助于提高短视频的质量和观赏性，吸引更多观众的关注和喜爱，如图 3-41 所示。

图 3-41　静态长镜头拍摄的房屋修建短视频

● **移动追踪长镜头**：移动追踪长镜头是通过调节焦距、追踪运动对象等方式，跟随拍摄对象进行移动拍摄的长镜头。通常用于体育比赛、汽车追逐等动态场景。

● **运动长镜头**：运动长镜头就是利用推、拉、摇、移和跟等运动镜头拍摄的多景别、多拍摄角度变化的长镜头。

● **光圈变化长镜头**：光圈变化长镜头是指通过改变光圈值来进行拍摄的长镜头，可以达到突出重点或虚化背景的效果。

（2）主要作用

在短视频拍摄中应用长镜头可以真实地还原时间和空间的完整性。例如，Vlog 类短视频经常使用长镜头拍摄，能让观众真切地感受到真实的生活场景，有较强的代入感。此外，长镜头还有以下 3 个作用。

● **更加开放的观看视角**：长镜头把拍摄的事物客观地展示出来，观众可以从画面中获得更多信息，形成更开放的视角。

● **表现人物的内心世界**：短视频中人物的情感和行为大多与所处环境有着密切关系，而长镜头有助于观众观看短视频时对人物形成更全面的理解。

● **展示群像**：长镜头可以展示某个场景中所有人当时所处的位置和状态，适合表现人物群像。

3. 俯视和仰视镜头

俯视和仰视镜头是两种方向相反的镜头，在拍摄器材的支持下，这两种镜头又划分出了鸟瞰镜头和俯仰镜头。

● **俯视镜头**：俯视镜头是将拍摄器材放置在高处向下拍摄，呈现出一种俯视的画面效果。使用俯视镜头可以营造出视角独特、外观广阔的感觉，有时也可以用于表现某种象征意义。美食类短视频就经常使用俯视镜头，增强观众主观视角的优越性并增加观众的食欲，如图 3-42 所示。

● **仰视镜头**：仰视镜头是将拍摄器材放置在低处向上拍摄，呈现出一种仰视的画面效果。仰视镜头可使拍摄对象看起来强壮有力，显得崇高、威严或雄伟。在短视频中拍摄人物、树木、建筑时经常使用仰视镜头，如图3-43所示。

● **鸟瞰镜头**：鸟瞰镜头与俯视镜头类似，是俯视镜头的技术加强版。鸟瞰镜头的拍摄位置更高，通常使用无人机拍摄，能带来丰富、壮观的视觉感受，多用在旅行类短视频中，如图3-44所示。

图 3-42　俯视镜头　　　　　图 3-43　仰视镜头　　　　　图 3-44　鸟瞰镜头

● **俯仰镜头**：俯仰镜头其实是俯视镜头和仰视镜头的结合，是将拍摄器材从处于低处的俯视位置慢慢移动到高处变成仰视拍摄，如图3-45所示。例如，把拍摄地面的拍摄器材慢慢向上倾斜，直至拍摄到拍摄对象的全貌，这样的镜头可以展现拍摄对象的高大，并凸显其在四周环境中的独特性。

图 3-45　俯仰镜头拍摄

4. 360°环拍镜头

360°环拍镜头通常以拍摄主体为中心，围着拍摄主体以一个相对固定的半径进行环绕拍摄，这样在最终呈现给观众的视频画面中能看清拍摄主体周围全部的景象，立体感十足，使观众有一种身临其境的感觉，如图3-46所示。

拍摄360°环拍镜头时首先要保证拍摄器材移动平稳，确保拍摄主体始终处于画面半径中心。另外，在拍摄短视频时，可以借助辅助工具来实现360°环拍镜头的拍摄。例如，利用无人机拍摄360°俯视环拍镜头，或者使用平衡车并手持稳定器拍摄360°环拍镜头，而如果没有辅助工具，拍摄360°环拍镜头时，应尽量使用广角镜头，这样能在一定程度上降低画面的抖动。

图 3-46　360°环拍镜头

任务四　录音

短视频拍摄过程中有一个非常重要的环节，即录制声音。本任务将学习常用的录音方式和现场录音的常用技巧，掌握拍摄短视频的录音操作。

↘（一）常用的录音方式

一条优质的短视频需要配上优美且清晰的声音，而短视频声音品质的好坏则通常由其录音方式决定。拍摄短视频常用的录音方式主要有现场录音和后期配音两种。

1. 现场录音

现场录音是短视频拍摄十分常用的录音方式，但现场录音最容易受到环境的影响，所以，根据环境的不同通常又把现场录音分为户外现场录音和普通现场录音两种方式。

（1）户外现场录音

户外的噪声比较大，容易影响录音效果，所以户外现场录音需要特别关注周围环境。通常户外现场录音可以分为以下 3 种情况。

● **杂音多、收音范围小**：这种户外环境会严重影响录音效果，通常有两种解决方法：一种是使用专业的指向性话筒，并在剪辑时通过修音方式提高声音质量，但这种方法会提高短视频创作成本；另一种是更换拍摄环境。

● **环境空旷、杂音少**：这种户外环境比较适合拍摄短视频，使用普通手机自带的话筒就可以完成录音工作。

● **环境空旷但回音较大**：在这种户外环境拍摄需要使用指向性话筒，后期也可以通过修音的方式进一步提高声音质量。

（2）普通现场录音

拍摄短视频时使用的现场录音设备主要有无线话筒、指向性话筒等，通常应根据拍摄任务来选择录音设备。

● 如果短视频内容主要是室内活动或活动量不大的人物对白、人物简单表演或人物访谈，通常可以选择无线话筒进行现场录音。

● 如果短视频内容主要是现场／即兴活动、街头采访，或拍摄对象的着装不方便使用无线话筒，抑或拍摄对象的运动幅度较大，可以选择指向性话筒进行现场录音。

● 如果短视频的拍摄对象或场景有较多运动或变化，则可以选择指向性话筒＋挑杆的组合进行现场录音，使话筒最大限度地接近声源，进一步提高录音的清晰度。

● 使用手机拍摄短视频时，可以为手机配置一个专用录音小话筒，提高录音质量。

2. 后期配音

后期配音也是短视频创作中比较常用的录音方式。后期配音通常有以下3种方式。

● **专业配音**：专业配音就是找专业的配音公司为短视频内容进行录音，通常宣传片、广告片等都会使用专业配音，但成本较高。

● **自己配音**：自己配音就是短视频创作者录制自己的声音来作为短视频旁白或人物声音，可以边拍视频边录制声音，也可以前期先拍摄视频画面，后期根据视频画面单独配音。自己配音通常会选择在安静的环境中进行，有条件的可以在录音棚内录音。

● **AI配音**：AI配音就是将录制的声音或台词通过AI工具（如讯飞配音、剪映和魔音工坊等的AI功能）转换成各种声音。

【例3-5】在剪映中利用AI工具为短视频配音。

下面使用剪映为短视频配音，具体操作步骤如下。

① 启动剪映专业版，单击"开始创作"按钮。

② 打开剪映的操作界面，在左上角的面板中单击"导入"按钮，将视频素材（配套资源:\素材文件\项目三\AI配音.mp4）导入剪映，然后将其拖动到下面的"轨道"面板中。

③ 单击"文本"选项卡，展开"文本"面板，在左侧的列表中单击"智能字幕"按钮，在右侧的"识别字幕"栏中单击"开始识别"按钮，剪映将自动识别视频素材中的语音，并将对应的字幕作为一个单独的文本轨道显示在"轨道"面板中。

④ 在"轨道"面板中视频素材上单击鼠标右键，在弹出的快捷菜单中选择"分离音频"命令，视频素材中原有的语音将作为一个单独的音频轨道显示在轨道面板中，在该音频轨道左侧单击"关闭原声"按钮，视频素材将没有声音。

⑤ 在文本轨道上单击左侧第一个文本，在右上角单击"朗读"选项卡，在"朗读"面板的列表框中选择一种配音类型，这里选择"热门"栏的"温柔淑女"选项，单击"开始朗读"按钮，如图3-47所示。

图3-47 单击"开始朗读"按钮

⑥ 此时,剪映将为该文本进行配音,并在"轨道"面板中添加一个音频轨道,如图3-48所示。

图 3-48　使用剪映为短视频配音的效果

⑦ 用同样的方法，在轨道面板中为其他文本配音，完成为短视频配音的操作（配套资源：\ 效果文件 \ 项目三 \AI 配音 .mp4）。

（二）现场录音的常用技巧

除了了解拍摄短视频常用的录音方式外，还应学习一些现场录音的常用技巧，以提高短视频的录音质量。

● **制定多种录音方案**：为了减少环境对现场录音造成的影响，可以提前对拍摄现场进行踩点，评估可能出现的噪声和对录音工作的影响，制定多套录音方案，方案内容包括如何屏蔽噪声、选择哪些录音设备、是否更改拍摄时间和拍摄地点等。

● **选择优质录音设备**：短视频是画面和声音的结合体，观众体验50%来自声音，所以，录音质量会影响短视频的品质，应选择质量优异的录音设备。

● **尽量使话筒靠近声源**：短视频中人物之间的对话非常重要，如果因为录音问题重新录制，不但影响成片质量，而且会耗费更多的成本。所以，录音时应该尽可能将话筒靠近声源。例如，挑杆话筒的位置应该尽可能地贴近拍摄画面的边界。通常话筒越接近声源，录音的效果就越好。这点也非常适用于无线话筒，也就是说，无线话筒越靠近人物的出声位置，效果越好，通常无线话筒的理想位置是衣领处。

● **区分人声与环境音、效果音**：环境音包括下雨声、鸟叫声、汽车轰鸣声等，效果音则包括人物衣服摩擦声、脚步声和其他人的对话声等。录音时最好将这些声音与人声分开录制，这样才能突出声音层次。

任务五　布光

布光也是短视频拍摄中非常重要的环节之一，布置影片级别的灯光是提高短视频质量的关键。本任务将通过学习光的类型与特点，以及布光的原则和技巧，帮助大家掌握拍摄短视频的布光操作。

（一）光的类型与特点

拍摄短视频的过程中，光线是影响画面质量的一个十分重要的环境因素，好的布光可以有效提升短视频的画面质量。下面就从光的位置、光的自然属性和光的造型 3 个方面来讲述光的类型与特点。

1. 光的位置

光的位置也称光位，是指光照射的方向，分为水平光位和垂直光位两种类型。

（1）水平光位

水平光位是指光在水平方向的光位，有多种类型，如图3-49所示。

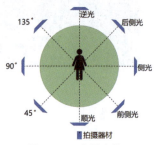

图3-49　水平光位

●**顺光：**顺光是指从拍摄对象的正前方打光，即来自镜头方向的光。顺光是较常用的光位，光线直线投射到拍摄对象上，照明均匀，且阴影面少，可充分、细腻地展现出拍摄对象的色彩和表面细节。但顺光不易展现拍摄对象的线条结构，缺乏立体感。

●**侧光：**侧光（包括前侧光、侧光和后侧光）是指在拍摄对象的侧面打光。侧光会在拍摄对象上形成明显的受光面、阴影面，画面具有强烈的明暗对比，以及空间感和立体感。但侧光容易导致拍摄对象在画面中呈现较强的明暗反差，不利于展示拍摄对象的全貌，布光时通常会在另一侧进行补光。

●**逆光：**逆光（后方布光）是指从拍摄对象的背面打光。逆光会使拍摄对象与背景存在极大的明暗反差，光源在拍摄对象的边缘勾画出一条明亮的轮廓线，使画面更有层次感。

（2）垂直光位

垂直方向的光位主要有顶光和底光两种类型。

●**顶光：**顶光是指从拍摄对象的顶部打光，其光线与拍摄器材成90°。用顶光拍摄，可以使拍摄对象上方形成一片明亮的光斑，从而突出拍摄对象的轮廓并提升画面质量。顶光一般不作为主要的光源，只用作修饰光。

●**底光：**底光是指从拍摄对象的底部打光。用底光拍摄会形成自下而上的投影，一般用于表现透明物体或营造神秘、高级的氛围。底光也是一种常用的修饰光，可以减少拍摄对象底部的阴影。

2. 光的自然属性

光的来源和产生方式即光的自然属性，包含自然光和人造光两种类型。

（1）自然光

自然光是由自然界中的太阳、月亮、闪电等所产生的自然光线，这些光线的颜色、亮度和方向等都具有一定的随机性和不确定性。在拍摄短视频时，自然光不仅能够为画面提供基础的光线照明，还可以产生各种形态的阴影和光晕，并创造出各种特殊的光影效果，为短视频画面增添生机和活力，使其更加丰富和立体。

（2）人造光

人造光是指由摄影灯、柔光箱等人工设备或人造光源所产生的光线，这些光线的颜色、亮度和方向等都可以精细控制和调节。在拍摄短视频时，人造光不仅能够弥补自然光的不足，还可以通过调节颜色和色温来创造出各种特定的画面效果，甚至可以通过调节光线的强弱和方向，向观众传达人物的内心情感、态度和关系。

3. 光的造型

在拍摄短视频的过程中，根据光线作用于拍摄对象的不同造型效果，可以将光分为主光、辅光、修饰光、轮廓光和背景光5种造型，如图3-50所示。

图3-50　光的造型

●**主光**：主光是拍摄时的主要照明光线，通常位于顺光与侧光之间，对拍摄对象的形态、轮廓和质感的表现起主导作用。在短视频拍摄现场，主光通常由柔光灯箱发出，这种类型的光线均匀，主要用于照亮拍摄对象（人或物品）的轮廓，并突出其主要特征。使用主光拍摄时，拍摄器材通常位于主光的正后方或两侧。

●**辅光**：辅光也被称为辅助光，其作用是对主光没有照射到的拍摄对象的阴影部分进行光线补充。辅光的强度要比主光的强度小，其位置通常位于拍摄器材两侧，也可以固定在天花板或墙上。辅光不能抢夺主光的地位，所以两者之间有一个最佳光比，这个比例需要通过反复试验来获得。

> **小贴士**
>
> 在室内拍摄短视频时，主光通常放置在拍摄对象正前方稍微侧面的位置。在室外则通常以太阳光作为主光。如果太阳光在逆光位做主光，则需要增加辅光来帮助拍摄对象造型，比如手机的手电筒灯光就可以作为辅光使用。

●**修饰光**：修饰光主要用于展现拍摄对象的局部，是一种指向性强、照射范围小的光。拍摄短视频时，拍摄人或动物眼睛所用的光通常都是修饰光。

●**轮廓光**：轮廓光通常用于分离拍摄对象与拍摄对象、拍摄对象与背景，以此增强短视频画面的空间感。轮廓光的光位通常为逆光或后侧光，其强度往往比主光的强度高，使用颜色较暗的背景有助于突出轮廓光。拍摄短视频时，轮廓光通常是画面中最亮的光线，所以，一定要防止其照射到拍摄器材的镜头上，否则会产生眩光，影响短视频画面效果。

●**背景光**：背景光用于照亮拍摄对象周围的环境和背景，可以消除拍摄对象在环境背景上的投影，在一定程度上融合各种光线，形成统一的短视频画面基调。拍摄短视频时可以通过背景光的亮度来营造不同氛围。例如，明亮的背景光能带给短视频画面轻松、温暖和愉快的氛围，阴暗的背景光则能为短视频画面营造出安静和肃穆的气氛。

↘（二）布光原则

在短视频中进行布光需要遵循一些原则，以确保画面效果更加出色和符合拍摄需求。

●**控制光源照射面积**：光源照射面积决定光线的散射范围和强度，控制光源照射面积直接关系到光的软硬，并影响短视频画面的明暗反差。当光源照射面积大（软光拍摄）时，画面明暗反差小；当光源照射面积小（硬光拍摄）时，画面明暗反差大。

● **确保光源亮度**：光源亮度是影响画面明暗的重要因素，短视频通常需要拍摄清晰明亮的画面，所以，需要确保选用合适亮度的灯具，并根据场景调整其亮度。

● **控制补光灯的距离**：补光灯的距离会影响光线的强度分布，以及影响拍摄对象的受光强度和明暗反差。

● **尽量减少灯具数量**：短视频的布光往往讲究简约和高效。过多的灯具不仅可能会导致光线混乱，还会使拍摄出的画面显得杂乱无章。

● **恰当的光比控制**：光比指拍摄对象亮部与暗部受光强弱（光照强度）的比例。光比大，拍摄对象亮部与暗部之间的反差就大；光比小，拍摄对象亮部与暗部之间的反差就小。通常情况下，光比的大小由主光和辅光的强度以及光源与拍摄主体的距离决定。加强主光强度或减弱辅光强度可以使光比变大；反之，光比变小。缩小主光光源与拍摄对象的距离或加大辅光光源与拍摄对象的距离可以使光比变大；反之，光比变小。

↘（三）布光技巧

布光其实是一项创造性的工作，不仅能体现画面风格，还关系到短视频的拍摄质量。所以，除了学习常见的布光类型和布光方案外，还需掌握一些技巧来提升布光水平。

● **弱化太阳光**：当需要对人物或物品拍摄特写时，室外太阳光太强就容易让人物或物品的影子显得生硬，此时可以使用半透明的遮阳板弱化太阳光，柔化人物或物品的局部。注意人物移动时遮阳板也同时移动。

● **三点布光**：三点布光是拍摄短视频时最常用的布光技巧之一，由主光、辅光、轮廓光3种光型构成，且在光位连接后可形成三角形，如图3-51所示。主光是主要光源，一般为前侧光（左右均可），用于照亮拍摄对象。辅光用于填补主光造成的阴影，在拍摄器材附近（与主光不同侧）。轮廓光用于突出拍摄对象或背景的轮廓，放置在拍摄对象后方。这样的布光方式能够增加画面的层次感，使拍摄对象更加立体，如图3-52所示。

图 3-51　三点布光示意图　　　　　图 3-52　拍摄人物的三点布光效果

● **处理小范围光线扩散**：在室内拍摄涉及物品的短视频时，光线扩散造成物品全部或局部太亮，可以通过以下4个步骤来处理：首先抬高主光的位置，并从侧面照射；其次通过辅光或背景光柔化物品的影子；然后为物品的标志添加一道辅光，让其变得更清晰；最后遮挡较强的光线，使整个物品亮度保持平衡，如图3-53所示。

● **简易布光**：为了节约短视频拍摄成本，可不使用专门的布光设备，而是利用手电筒、手机闪光灯等实用光源进行简易布光。例如，由演员手拿两个LED灯作为光源，一个为主光，另一个为辅光，也有不错的拍摄效果。

● **对角线布光**：这种技巧常用于人物的拍摄中，拍摄器材正对人物，两个光源斜侧对人物形成对角线，这样拍摄的人物清晰明亮且具有极强的立体感。需要注意的是，正面斜侧对人物的光源最好使用柔光，可以在光源外添加一个遮光板。

● **利用自然光**：即便室内光线充足，也最好选择离窗户较近的位置进行顺光拍摄，这样可以最大化地利用自然光源，得到更加真实的视频画面。

图 3-53　处理小范围光线扩散

● **利用光线制造艺术效果**：在拍摄时可以利用布光产生一些艺术效果。例如，逆光拍摄可以展现拍摄对象的主体轮廓，形成剪影效果；使用聚光灯作为背光照射拍摄对象，并在镜头前使用插花或书本等作为前景，则会使视频画面具备小清新风格；将主光从下向上设置，并降低整个拍摄场景的亮度，可以营造阴郁的画面效果等。

课后实训——拍摄剧情类短视频
《星星》

【实训目标】

根据上一个项目中撰写的《星星》短视频分镜头脚本拍摄短视频，学习拍摄短视频过程中的常用操作。

【实训思路】

第一步：做好拍摄短视频的准备工作。

首先，组建拍摄短视频的团队；接着，布置场景和准备道具，并对拍摄现场进行布光；然后，准备拍摄器材，并设置拍摄参数。

第二步：拍摄短视频。

根据脚本中的景别、镜头等内容，按照镜号顺序分别拍摄短视频的素材，并使用现场录音的方式直接录制短视频的声音。

【实训操作】

↘（一）组建拍摄团队

拍摄该短视频可以组建一个中型团队，共4人，成员组成和角色分工如下。

① 导演。导演主要负责统筹所有拍摄工作，具体工作内容是根据短视频脚本完成拍摄，并在拍摄现场进行人员调度，把控短视频的拍摄节奏和质量。

② 演员。演员负责完成脚本中的各种演出工作和角色塑造，在本短视频中需要两名演员，男女主角各一名。

③ 摄像。摄像主要是负责拍摄短视频、提出拍摄计划和布置拍摄现场的灯光，需要对短视频的成片质量负责。

在实际拍摄工作中，团队成员可能还需要完成一些其他工作。例如，导演参与布光和准备道具工作，男主角帮忙使用补光灯补光等，如图3-54所示。

图3-54　短视频团队成员的分工合作

↘（二）准备拍摄器材

接下来准备拍摄器材。由于本短视频属于剧情类，且主要场景在室内，所以使用相机进行拍摄并采用普通现场录音（相机自带录音功能），另外需准备补光灯、反光板、稳定器和三脚架等辅助器材。

① 相机。采用型号为松下DC-GH5SGK-K微单相机，搭配松下标准变焦12～35mm F2.8二代镜头，摄像效果较好，如图3-55所示。

图3-55　拍摄器材

　　② 稳定器。采用智云 Crane 云鹤 3 LAB 单反图传稳定器，既能手持，也能脚架固定。

　　③ 三脚架。采用思锐 T2005SK 铝合金三脚架。

　　④ 灯光设备。以自然光作为主光，并配合斯丹德 LED-416 补光灯和金贝 110cm 五合一反光板。

↘（三）布置场景和准备道具

　　根据短视频脚本来布置场景和准备道具，这两项工作都比较简单。

　　① 场景。本短视频中的主要场景有两个：一个是学校，可以在某学校的一间教室中拍摄；另一个是家，可以在一个普通家庭的客厅拍摄一组镜头，在阳台或卧室拍摄一组镜头。

　　② 道具。本短视频中主要道具包括彩色纸和用彩色纸折的星星，以及玩具熊，其他道具包括婴儿车、婴儿服装、洗衣盆、婴儿奶粉和奶瓶等。

↘（四）现场布光

　　该短视频主要有两个场景，应设置相应的布光方案。

　　① 教室场景布光。教室的透光效果通常较好，只需要选择天气较晴朗的时间，将拍摄对象安排在窗户边上，以自然光作为主光，并打开教室中所有的灯光作为辅光，这样就能取得很好的光照效果，如图 3-56 所示。

　　② 家中场景布光。家中可以选择光照效果较好的阳台作为一个拍摄场景，并使用反光板反射太阳光柔化主角的面部轮廓，如图 3-57 所示。另外，拍摄客厅场景时，可以选择顺光拍摄，并在拍摄对象侧后方使用补光灯来增强主角的立体效果。

图 3-56　教室场景布光　　　　　　图 3-57　利用反光板布光

↘（五）设置拍摄参数

　　接下来设置相机的拍摄参数，如图 3-58 所示，包括设置对焦和曝光、关闭闪光灯，设置视频格式为 MOV、尺寸为 1080P、视频质量为 FHD/8bit/50P，感光度为 6400，光圈值为 13，快门速度为 200，曝光补偿值为 -3 ～ 0 等。需要注意的是，这里的拍摄参数只是在教室场景中应用，在家庭场景中，由于光线的不同，需要根据光线的强弱重新调整相关的参数，本实训中采用的是自动调整的方式。

图 3-58　设置拍摄参数

（六）拍摄短视频素材

设置好拍摄参数后就可以拍摄短视频了，根据撰写的短视频脚本，拍摄了 24 个与脚本相对应的短视频素材（与脚本并不是一一对应关系，还需要后期剪辑）。拍摄过程中要注意景别的变化和镜头的运用，主要使用突出拍摄对象的构图方式。图 3-59 所示为拍摄的短视频素材。

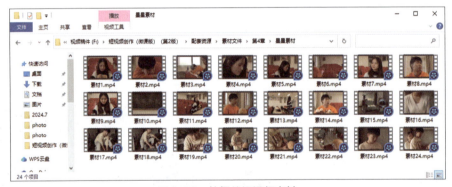

图 3-59　拍摄的短视频素材

课后练习

试着根据项目二中创作的以"环保从我做起：校园垃圾分类行动"为主题的剧情短视频脚本组建一个短视频团队，自行准备拍摄器材，布置场景和道具，并进行现场布光、设置拍摄参数，拍摄对应镜头的短视频素材。

项目 四

剪辑短视频

案例导入

　　某大学应届毕业生拍摄并剪辑了一个个人介绍短视频，并将其作为个人简历发送给了多家企业。这种新颖的求职方式获得了招聘人员的广泛好评，招聘人员表示这种创新的自我介绍方式既新颖又高效，全方位、多维度地展现了求职者的个人风采与综合能力，让人印象深刻。

　　在制作该短视频简历的过程中，该大学生将拍摄的大量短视频素材，经过分割、删除和拼接等操作，最终形成一个连贯流畅、立意明确、主题鲜明并富有艺术情感的短视频。在操作过程中，不但使用专业的剪辑手法进行剪辑，还利用转场、滤镜、特效和调色来提升短视频的画面品质，并且添加了符合短视频画面内容的背景音乐，以及制作精美的字幕、封面和片尾等。通过这些操作，平淡无奇的短视频素材被制作成包装精美、视角专业、画质精美、内容丰富的短视频。剪辑不仅是对短视频素材的简单处理，更是对短视频进行艺术加工和再创作的过程。通过剪辑，短视频能焕发出生命力和艺术价值。

学习目标

● 掌握短视频常用的剪辑手法。
● 掌握转场、滤镜和特效的应用。
● 掌握调色的方法。
● 掌握音频处理的基本操作。
● 掌握制作字幕、封面、片头和片尾的方法。
● 掌握使用AI工具辅助剪辑短视频的相关操作。

任务一　编辑视频素材

　　视频剪辑的基础操作包括分割、删除和拼接，另外，视频剪辑还需要学习剪辑手法、转场、滤镜和特效等基础知识。本任务将介绍编辑视频素材的相关知识，使大家能够根据自己的需求，通过编辑原始视频素材，创造出全新的短视频内容。

↘（一）常用的剪辑手法

　　剪辑的基本操作就是将多个视频画面进行连接，而在连接过程中通常需要合理利用一些剪辑手法，推动短视频内容向目标方向发展，让短视频更加精彩。常用的剪辑手法主要有以下8种。

1. 标准剪辑

　　标准剪辑是短视频创作中最常用的剪辑手法之一，基本操作是将视频素材按照时间顺序进行拼接组合，制作成最终的短视频。大部分没有剧情且只是由简单时间顺序拍摄的短视频，都可以采用标准剪辑手法进行剪辑。

2. J Cut

　　J Cut是一种声音先入的剪辑手法，是指下一视频画面中的音效在画面出现前响起，以达到一种"未见其人先闻其声"的效果。J Cut的剪辑手法通常不容易被用户发现，但其实经常被使用。例如，旅行类短视频中，在山中小溪的视频画面出现之前，会先响起潺潺的流水声，使观众先在脑海中想象出小溪的画面。

3. L Cut

　　L Cut是一种上一视频画面的音效一直延续到下一视频画面中的剪辑手法，这种剪辑手法在短视频制作中也很常用。例如，在剧情类短视频中，上一画面中公司领导在会议中发言，下一视频画面中下属们在认真倾听，而领导发言的声音仍在继续。

4. 匹配剪辑

　　匹配剪辑是一种通过在镜头之间建立某种匹配关系从而进行场景切换的剪辑手法，使用该剪辑手法连接的两个视频画面通常动作一致，或构图一致。匹配剪辑经常用作短视频转场，可以从一个场景跳到另一个场景，从视觉上形成酷炫转场的效果。简单地说，匹配剪辑就是让两个相邻的视频画面中主要拍摄对象不变，但场景切换。例如，很多旅行类短视频中，为了表现旅游达人去过很多地方，就会采用匹配剪辑的手法，如图4-1所示。

图 4-1 采用匹配剪辑制作的短视频

5. 跳跃剪辑

跳跃剪辑是一种将不同时间、空间主题的视频片段进行快速切换和组合的剪辑手法，也就是两个视频画面中的场景不变，但其他事物发生变化，其剪辑逻辑与匹配剪辑正好相反。跳跃剪辑通常用来表现时间的流逝，也可以用于关键剧情的视频画面中，以增加视频的急迫感。例如，很多变装和换装的短视频就采用了跳跃剪辑的手法，如图 4-2 所示。

图 4-2 采用跳跃剪辑制作的短视频

6. 动作剪辑

动作剪辑是指一种镜头在拍摄对象仍在运动时进行切换的剪辑手法。需要注意的是，动作剪辑中的剪辑点不一定在动作完成之后，剪辑时可以根据拍摄对象动作施展方向设置剪辑点。例如，在一条关于求婚的短视频中，前一视频画面中男主角拿出戒指并准备下跪，下一视频画面中女主角一脸惊喜并激动落泪，这样的画面组接运用的就是动作剪辑的手法，不仅效果简洁、流畅，还增加了短视频的故事性和连贯性。

7. 交叉剪辑

交叉剪辑是一种在不同的两个场景来回切换的剪辑手法，通过频繁地切换画面来建立角色之间的交互关系，在影视剧中打电话的镜头大多使用的是交叉剪辑手法。在短视频制作中，使用交叉剪辑能够提升短视频的节奏感，增强内容的张力并制造悬念，使观众对短视频产生兴趣。例如，剪辑一段主角选择午餐的视频画面时，可使用交叉剪辑在牛肉盖浇饭和回锅肉之间来回切换，可以表现主角纠结复杂的内心情感，并使观众对主角的最终选择产生好奇，继续观看接下来的内容。

8. 蒙太奇

蒙太奇（Montage，法语，是音译的外来语）原本是建筑学术语言，意为构成、装配，后来被引申为一种剪辑手段。1923年，爱森斯坦在杂志上发表文章《杂耍蒙太奇》，率先将蒙太奇作为一种特殊手法引申到戏剧中，后在电影创作中进行实践运用，开创了电影蒙太奇理论。

20世纪30年代初，中国电影人从英文电影理论中认识了蒙太奇理论，保留了英语音译，创造了一个新名词"蒙太奇"。蒙太奇剪辑手法是通过剪辑手段将多个视频片段按照一定的顺序和时间关系进行创造性地组合，创造出一种情感或思想上的联结和互动。它不是简单地把视频片段拼接在一起，而是更关注视频片段之间的关系。

蒙太奇有许多不同的类型和形式，剪辑人员可以根据创作需要进行选择，丰富短视频的表达手法。

●**空间蒙太奇**：通过连接不同的空间场景，创造出一种连贯性的空间感。这种类型的蒙太奇多用于展示人物的移动、环境的变化等。例如，在旅行类短视频中，将一个人从视频画面一侧向另一侧行走的镜头，与这个人走到另一侧并出现在另一个旅游景点的镜头连接在一起，展现人物行走和场景转换，实现转场目的，如图4-3所示。

图4-3　采用空间蒙太奇制作的短视频

●**时间蒙太奇**：通过连接不同时期的镜头，创造出一种时间上的连贯性。这种类型的蒙太奇常用于展示人物的成长、记忆的回溯等。在电视剧和电影中，以及一些剧情类短视频中都可用时间蒙太奇的剪辑手法。

● **符号蒙太奇**：通过连接不同的符号、意象，创造出一种符号性的意义。这种类型的蒙太奇常用于表达主题、隐喻和暗示等。

● **意识流蒙太奇**：将视频片段按照人物的思维、感知流程进行连接，创造出一种流畅的思维或感知体验。这种类型的蒙太奇常用于表达人物的内心世界、梦境、幻觉等，可以通过非线性、不连续的剪辑方式展示人物的思考过程和感知体验。

● **平行蒙太奇**：交替切换不同情节或不同地点的场景，让场景同时呈现。这种类型的蒙太奇可以有效地展示多条平行线的故事发展，增加紧张感和悬念。例如，在短视频《红线》中，男女主角虽处于不同的场景但都在做同一件事情（做饭），剪辑人员利用平行蒙太奇将两个视频画面同时呈现，如图4-4所示。

图4-4 采用平行蒙太奇的短视频画面

● **音乐蒙太奇**：将音乐与影像有机结合在一起，使视听更加和谐。这种类型的蒙太奇可以用于表达情感、升华主题等。例如，短视频中，场景或画面的切换过程使用音乐来连接，或者使用音乐来填补两个场景或两幅画面的空白，这种音乐配合影像的蒙太奇手法，就是音乐蒙太奇。

> **小贴士**
>
> 在剪辑短视频时，可以根据短视频内容使用多种剪辑手法。例如，动作剪辑+L Cut，交叉剪辑+匹配剪辑等，这样可以增强短视频画面的张力，使内容更丰富，更好地突出短视频主题。

↘（二）设置转场

短视频由若干个镜头序列组合而成，每个镜头序列都具有相对独立和完整的内容。而在不同的镜头序列和场景之间的过渡或衔接就叫作转场，有了转场就能保证整个短视频节奏和叙事的流畅性。转场一般可分为技巧转场和无技巧转场两种。

1. 技巧转场

技巧转场是指用一些特定的技术来实现时间或场景的转换。随着计算机和影像技术的高速发展，理论上技巧转场的手法可以有无数种。在短视频的剪辑中比较常用的技巧转场主要有淡入/淡出、叠和划。

● **淡入/淡出**：淡入/淡出又称渐显/渐隐，淡入是指下一个视频画面的光度由零度逐渐增至正常的过程，类似于舞台剧的"幕启"；淡出则相反，是指画面的光度由正常逐渐变暗直到零度的过程，类似于舞台剧的"幕落"。

● **叠**：叠又称化，是指两个视频画面层叠在一起，前一个画面没有完全消失，后一个画面没有完全显现，两个画面都有部分"留存"在屏幕上。

● **划**：划是指用线条或圆、三角形等几何图形来改变视频画面的转场方式，如圆划像、正方形划像、交叉划像和菱形划像等。图4-5所示为圆划像转场。

图4-5　圆划像转场

小贴士

剪辑短视频时还可以设置其他技巧转场，其本质都是这3种转场的衍生类型，包括旋转、缩放、翻页、滑动和擦除等。这些类型还可以进一步细分，如擦除转场可细分为时钟式擦除、棋盘式擦除、百叶窗式擦除等类型，图4-6所示为时钟式擦除转场。

图4-6　时钟式擦除转场

2. 无技巧转场

技巧转场通常带有比较强的主观色彩，容易停顿和割裂短视频的故事情节，所以在剧情类短视频剪辑中较少使用。无技巧转场通常以前后视频画面在内容或意义上的相似性来进行转换，主要有以下7种类型。

● **利用动作的相似性进行转场**：这种转场是以人物或物体相同或相似的运动为基础进行画面转换。例如，表现人物坚持锻炼的短视频，可以在室内健身和公园跑步的镜头之间进行转场，利用动作的相似性连接被打散的不同时空的情节片段。

● **利用声音的相似性进行转场**：这种转场是指借助前后画面中的对白、音响、音乐等声音元素的相同或相似性来进行画面转换。例如，男主角抱起晕倒的女主角向外奔跑，画面外响起救护车的鸣笛声，下一个镜头女主角已经躺在医院的病床上，鸣笛声仍在持续，这种转场方式通过声音的延伸将观众的情绪也连贯地延伸到下一个视频画面中。

● **利用具体内容的相似性进行转场**：这种转场是指以画面中的形象或物体的相似性为基础进行画面转换。例如，女主角拿出手机查看朋友的照片，然后下一个镜头中与照片中衣着打扮完全相同的朋友本人出现在女主角面前。

● **利用心理内容的相似性进行转场**：这种转场是指前后画面由人物的联想而产生相似性进行画面转换。例如，女主角非常思念自己的母亲，自言自语道："她现在在干什么呢？"下一个镜头就切换到母亲正拿着手机给女主角打电话的视频画面。

● **空镜头转场**：空镜头转场是指使用空镜头作为两个场景之间的过渡镜头。例如，影视剧中常见的英雄人物壮烈牺牲后，下一个画面为高山大海的空镜头，其目的是让观众的情绪发展到高潮之后有所停顿，留下回味的空间。

● **特写转场**：特写转场是指无论上场戏中的最后一个镜头是何种景别，下场戏的转场镜头都用特写景别。特写转场用于强调场景的转换，常常会带来自然、平滑、不跳跃的视觉效果。例如，在一个剧情类短视频中，转场镜头通过特写景别展示了妻子刷洗坐垫的镜头，后续镜头妻子刷洗和晾晒坐垫，如图4-7所示，表现了妻子的辛苦和为家庭的默默奉献，也为后面的剧情起到了铺垫和转折的作用。

图 4-7　采用特写转场的短视频

● **遮挡镜头转场**：遮挡镜头转场是指在上一个镜头接近结束时，将拍摄器材逐渐接近拍摄对象以至整个视频画面黑屏，下一个镜头拍摄对象又出现在视频画面中，实现场景的转换。上下两个镜头中的拍摄对象可以相同，也可以不同。这种转场方式既能给观众带来强烈的视觉冲击，又可以造成视觉上的悬念。

实际的短视频剪辑过程中可能会使用多种转场方式。例如，在短视频内容节奏比较舒缓的段落，无技巧转场可以与技巧转场结合使用，以综合发挥二者各自的长处，既可以使过渡顺畅自然，又能给观众带来视觉上的短暂休息。

【例 4-1】为短视频设置叠化转场。

下面就为两个视频素材设置叠化转场，具体操作步骤如下。

① 启动剪映，单击"开始创作"按钮，打开视频编辑主界面。

② 在左上角的面板中单击"导入"按钮，打开"请选择媒体资源"对话框，选择需要设置叠化转场的视频素材（配套资源：\ 素材文件 \ 项目四 \ 转场 1.mp4、转场 2.mp4），然后单击"打开"按钮，将视频素材导入"媒体"面板的"本地"列表框中。

③ 同时选择这两个视频素材，将其拖动到"轨道"面板中，在"媒体"面板中单击"转场"选项卡，在打开的"转场"面板中选择"叠化"样式，并将其拖动到"轨道"面板的两个视频素材中间，添加叠化转场。

④ 在视频轨道中选择添加的叠化转场，打开"转场"面板，在其中输入叠化转场的持续时间为"0.7s"，如图4-8所示，完成叠化转场的设置操作（配套资源：\ 效果文件 \ 项目四 \ 转场 .mp4）。

为短视频设置
叠化转场

图 4-8　设置叠化转场

（三）应用滤镜

　　滤镜主要用于实现视频画面的各种特殊效果，如使用滤镜让视频画面呈现出清新、复古和胶片等多种风格。另外，不同的视频画面内容可以应用相对应的滤镜，如美食滤镜、风景滤镜、影视滤镜和 Vlog 滤镜等。通常短视频剪辑软件和 App 中都自带滤镜，剪辑时直接应用即可。现在很多短视频都需要应用滤镜来提升画面的格调。在短视频的剪辑中，滤镜主要有以下两种应用场景。

　　●展示：在短视频中展示各种物品和风景时，应用滤镜可以使短视频画面更加生动、有趣味，提升观众的视觉体验。

　　●美颜：只要是涉及人物拍摄的短视频都可以添加美颜滤镜，提升人物的外形吸引力，吸引更多观众观看。

　　【例 4-2】为短视频添加一个清晰滤镜。

　　剪映中有一个滤镜库，能够为短视频添加多种滤镜效果。下面就为短视频添加一个清晰滤镜，具体操作步骤如下。

为短视频添加一个清晰滤镜

　　① 在剪映中将需要添加滤镜的视频素材（配套资源：\素材文件\项目四\滤镜.mp4）导入"媒体"面板的"本地"列表框中，并拖动到"轨道"面板中。

　　② 在左上角的面板中单击"滤镜"选项卡，在打开的"滤镜"面板中单击"清晰"样式右下角的按钮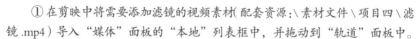，添加清晰滤镜。

③ 在"轨道"面板中可以看到新增了一条滤镜轨道，拖动滤镜轨道中的清晰滤镜右侧边框，使其与视频素材长度相同，如图 4-9 所示，为整个短视频添加清晰滤镜（配套资源：\ 效果文件 \ 项目四 \ 滤镜 .mp4）。

图 4-9　应用清晰滤镜

④ 在"轨道"面板中的滤镜轨道左侧单击"隐藏轨道"图标，可以通过"播放器"面板查看没有添加清晰滤镜前的视频效果，以此进行对比。

小贴士

在"滤镜"面板中单击"商店"按钮，打开"商店"窗口，在其中可以看到更多的滤镜，如图 4-10 所示，单击"添加"按钮，可以将想要的滤镜添加到"滤镜"面板中应用。

图 4-10　滤镜商店

↘（四）制作特效

特效通常是指特殊的视频画面效果。在影视中，使用软件人工制造出来的假象和幻觉被称为影视特效或特技效果。通常短视频剪辑软件和 App 中都自带特效，剪辑时直接应用即可。剪映中也自带了很多特效，主要有画面特效和人物特效两大类型。

●**画面特效**：画面特效又分为基础、氛围、动感、边框、Bling、爱心、金粉、自然、光、复古、运镜、DV、扭曲、改图、电影、综艺、潮酷、投影、分屏、纹理、漫画和暗黑等小类，每种小类中还有多种具体的特效，图4-11所示为边框类别中的特效样式。

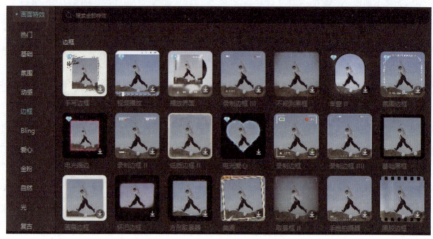

图 4-11　边框类别中的特效样式

●**人物特效**：人物特效又分为情绪、手部、身体、挡脸、形象、装饰、环绕、头饰、克隆、暗黑和写真等小类，同样，每种小类中还有多种具体的特效，图4-12所示为克隆类别中的特效样式。

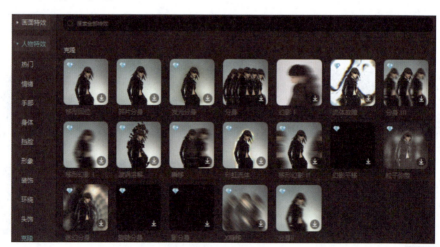

图 4-12　克隆类别中的特效样式

【例 4-3】为短视频应用特效来凸显角色的情绪。

短视频中经常用特效来突出角色丰富的表情和情绪，如为了凸显女主角在生气，可以使用特效将生气表情放大显示，并在脸上添加生气时会出现的

为短视频应用特效来凸显角色的情绪

红温和冒气动画；而男主角突然想到了回答女主角问题的办法，也可以使用动画特效来加强戏剧冲突。下面在剪映中添加和设置大头、脸红和灵机一动特效，具体操作步骤如下。

① 在剪映中将需要的视频素材（配套资源：\素材文件\项目四\特效.mp4）导入"媒体"面板的"本地"列表框中，并拖动到"轨道"面板中。

② 在左上角的面板中单击"特效"选项卡，在打开的"特效"面板左侧单击"人物特效"按钮，在展开的列表中选择"情绪"选项，在右侧列表框中单击"大头"样式右下角的按钮，添加大头特效。在"轨道"面板中拖动大头特效轨道右侧边框，使其时长为"00:00:01:00"。

③ 展开的"特效"面板，在"特效参数"栏的"强度"数值框中输入"80"，其他保持默认设置，如图 4-13 所示，为短视频中的女主角应用大头特效。

图 4-13 应用大头特效

④ 用同样的方法为短视频中的女主角应用脸红特效，并在"轨道"面板中通过拖动该特效设置脸红特效与大头特效的时长一致。

⑤ 将时间线定位到"00:00:01:23"位置，用前面同样的方法应用灵机一动特效，并调整该特效右侧与短视频结尾位置对齐，如图 4-14 所示。脸红特效和灵机一动特效的参数都保持默认，完成短视频特效制作（配套资源：\效果文件\项目四\特效.mp4）。

图 4-14 应用灵机一动特效

↘（五）AI 编辑视频素材

在编辑短视频素材时，AI 技术的辅助能够有效提高编辑效率，增加短视频内容和画面的创意性。目前，AI 技术支持的视频素材编辑操作包括以下 5 种。

●**分割与合并**：该编辑操作是指使用视频编辑软件，如剪映的 AI 功能，自动识别视频素材中的关键帧或根据用户设定的条件（如时间、场景变化等），自动将视频素材分割成多个片段，并支持将不同片段合并成一个完整的视频。

●**去水印与去字幕**：一些视频编辑软件具备智能去水印和去字幕的 AI 功能，能够自动检测并去除视频素材中的水印和字幕，保持素材的纯净性，图 4-15 所示为 360AI 的智能去字幕功能的操作界面。

图 4-15　360AI 的智能去字幕功能的操作界面

●**滤镜**：很多视频编辑软件（如剪映等）的 AI 功能都能够支持软件根据视频素材的内容和用户偏好自动应用滤镜，提升短视频的视觉效果和氛围。

●**背景替换与抠像**：无须绿幕背景，使用视频编辑软件的 AI 功能（如剪映的智能抠像功能），可以智能识别视频素材中的人像或物体，并将其从原背景中抠出，然后替换为其他背景或进行其他处理。

●**视频分析与优化**：使用视频编辑软件的 AI 功能对视频内容进行深入分析，识别出存在的问题（如抖动、模糊等），并自动进行优化处理。

任务二　调色

调色是短视频剪辑中非常重要的环节，可以使短视频画面呈现一种特别的色彩或风格，如清新、唯美、复古等。如需调整出符合短视频特色的色彩，需要了解调色的基本目的和基本流程，以及如何调制不同风格的色彩等。本任务将学习视频调色的基础知识，帮助大家在剪辑短视频的过程中，能通过调色提升短视频的吸引力。

↘（一）调色的基本目的

通常来说，调色的基本目的有两个，分别为还原真实色彩和添加独特风格。

● **还原真实色彩**：无论拍摄器材的性能多么优越，都会受到拍摄技术、拍摄环境和播放设备等多种因素的影响，最终展示出来的视频画面与人眼看到的现实画面在色彩上仍然有着一定的差距，所以，需要通过调色来最大限度地还原真实色彩。

● **添加独特风格**：调色的另一个基本目的是为视频画面添加独特的风格，通过调色将各种情绪和情感投射到视频画面中，为视频创造出独特的视觉风格，从而影响观众的情绪，让观众产生情感共鸣。

↘（二）调色的常见应用

调色的常见应用主要包括基础调色和人物形象美化两个方面。

1. 基础调色

基础调色通常能满足大部分短视频的调色需求，主要包括白平衡、色调、曲线和色轮等参数的调整。

（1）白平衡

白平衡是描述显示器中红、绿、蓝三基色混合生成后白色精确度的一项指标。使用相机拍摄短视频时，通常可以设定自动白平衡，调色时则可以通过调整色温来设置白平衡。色温是表现光线温度的参数，其测量单位是开尔文（K），通常冷光色温高、偏蓝，暖光色温低、偏黄。图 4-16 中所示的色温由左到右越来越高，颜色也由偏黄的暖光到偏蓝的冷光。

图 4-16　不同色温对比

表 4-1 所示为一些常见事物或场景的色温，调色时可以根据需要选择使用。

表4-1　常见事物或场景的色温

蜡烛	白炽灯	白色荧光灯	正午太阳光	阴天
1800K	2800K	4000K	5200～5500K	6000～7000K

（2）色调

色调是地物反射、辐射能量强弱在视频画面上的表现。拍摄对象的属性、形状、分布范围和组合规律等，都能通过色调差异反映在视频画面中。剪辑短视频时，为了营造某种氛围或情绪，可以通过灵活运用色调来达到目的。视频画面中常用的色调及其含义如表 4-2 所示。

表4-2 常用色调及其含义

浅色调	深色调	白色调	黑色调	鲜亮色调	阴暗色调
明快 / 年轻	沉着 / 稳重	简洁 / 清淡	强壮 / 阳刚	纯净 / 清爽	时髦 / 科技
明亮 / 清爽	成熟 / 商务	优雅 / 极简	力量 / 沉重	激情 / 热情	低调 / 奢华
舒适 / 清澈	庄重 / 绅士	低调 / 朴素	高级 / 奢华	年轻 / 快乐	压抑 / 未知
阳光 / 干净	古典 / 执着	简单 / 和平	神秘 / 冷静	生动 / 活泼	朴素 / 恐惧
朴素 / 平和	高端 / 格调	干净 / 纯洁	庄严 / 悲凉	时尚 / 开朗	朦胧 / 暗淡

在剪映中，影响色调的主要参数包括曝光、对比度、高光、阴影、白色、黑色等。其中，曝光用于调整视频画面的曝光过度或不足的情况；对比度用于调整视频画面的明暗关系；高光、阴影、白色和黑色用于调整视频画面的亮度、饱和度。短视频剪辑时可以通过调整曝光、对比度、高光、阴影、白色和黑色来增加视频画面的立体感并使得视频画面更细腻，通过设置高饱和度的色调来突出画面主体、营造场景氛围和表达人物情绪。

【例4-4】对短视频画面进行基础调色。

下面就利用剪映对短视频进行基础调色，具体操作步骤如下。

① 在剪映中将视频素材（配套资源：\ 素材文件 \ 项目四 \ 调色 .mp4）导入"媒体"面板的"本地"列表框中，并拖动到"轨道"面板中。

② 在右上角的面板中单击"调节"选项卡，展开"调节"面板，在"基础"选项中单击选中"调节"复选框。由于原视频在室内拍摄，光线混乱，需要降低色温来提升画面质量，所以，在"色彩"栏中将"色温"设置为"-10"。为了突出和营造温馨的画面氛围，可以提高饱和度数值，将"饱和度"设置为"12"。

③ 由于该视频画面还存在曝光不足的问题，为了使人物在画面中更加突出，可在"明度"栏中增加"高光""阴影""白色""光感"的数值，降低"黑色"的数值，如图4-17所示。

④ 在"播放器"面板中可查看调色后的画面效果，图4-18所示为调色前后的对比画面（配套资源：\ 效果文件 \ 项目四 \ 调色 .mp4）。

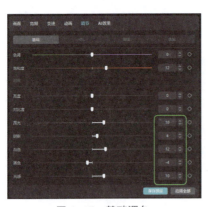

图4-17 基础调色

图4-18 调色前（上图）后（下图）的对比画面

（3）曲线

剪映中的曲线主要是对视频画面的亮度和颜色通道进行调节，包括亮度曲线和 RGB 曲线两种，当视频画面中某种颜色太浅或太深时，就可以用这两种曲线进行调节，如图 4-19 所示，该视频画面中蓝色太浅，并且较暗，于是增加了蓝色和亮度曲线的强度。

（a）调整前　　　　　　　　　　（b）调整后

图 4-19　调整颜色曲线前后对比

（4）色轮

色轮在短视频的调色中比较常用，因为很多短视频都以人物为拍摄对象，当视频画面中的主体是人物时，剪映可以根据色轮的配置进行调节，然后可以选择暗部、亮部、中灰和偏移的颜色，以及调整这些颜色的亮度和饱和度，如图 4-20 所示。

图 4-20　色轮设置

2. 人物形象美化

利用剪映的 HSL 和美颜美体功能，可以更加细节地修饰视频中人物的面貌体态，完成短视频的风格化处理。

（1）HSL

HSL 分别对应视频画面的色相、饱和度和亮度，可以通过设置 HSL 参数来控制视频画面中的某个颜色。例如，通过 HSL 对画面中人物的皮肤进行轻微的美化，非常适合短视频调色使用。

（2）美颜美体

美颜美体是针对短视频中的人物进行的美化，可以针对单人，也可以针对视频画面中的所有人，主要有美颜、美型、手动瘦脸、美妆和美体等功能。在剪映中，美颜包括匀肤、丰盈、磨皮、祛法令纹、亮眼、祛黑眼圈、美白、白牙，以及调整肤色等设置；美型包括面部、眼部、鼻子和嘴巴 4 个部位的相关设置；手动瘦脸则可以手动调整人物的脸型；美妆则提供了多种妆容套装供用户选择，也可以单独设置口红、腮红、眼线等妆容；美体则是对人物的肩、腿、胯、腰等身体部位进行设置。

【例 4-5】对短视频画面中的人物进行美颜。

下面就利用剪映为短视频中的女主角应用"学姐妆"的美妆效果，具体操作步骤如下。

① 在剪映中将视频素材（配套资源：\ 素材文件 \ 项目四 \ 美颜 .mp4）导入"媒体"面板的"本地"列表框中，并拖动到"轨道"面板中。

② 在"播放器"面板中单击"调整比例"按钮 ，在弹出的窗格中单击"播放器放大"按钮 ，将女主角的脸部放大，如图 4-21 所示。

③ 在右上角"画面"面板中单击"美颜美体"选项，展开"美颜美体"面板，单击选中"美妆"复选框，在展开的"套装"列表中选择"学姐妆"选项，如图 4-22 所示。

④ 在"播放器"面板中查看视频画面中的女主角美颜后的效果（配套资源：\ 效果文件 \ 项目四 \ 美颜 .mp4），如图 4-23 所示。

图 4-21　调整比例

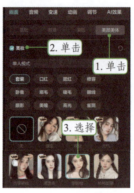
图 4-22　设置美妆

图 4-23　美颜后效果

（三）不同风格的色彩调制

调色可以使短视频画面呈现出一种特殊的风格，但需要根据短视频的内容来确定这种风格。下面将根据不同的短视频类型介绍其常用的调色风格。

● **电影质感**：这种风格是模仿传统胶片电影的色彩特点，注重对比度、饱和度和明暗细节的处理，常用于增强短视频的艺术感和电影质感，表达深沉、大气的氛围，适合剧情类和旅行类短视频，如图 4-24 所示。

● **大片效果**：这种风格中的色彩使用以冷暖对比为主，利用互补色的色彩理论，让画面更吸引观众。通常视频画面的高光部分和人物肤色为暖色调，阴影部分则为冷色调，适合剧情类短视频或产品介绍的短视频，如图 4-25 所示。

● **小清新**：这种风格以明亮、柔和的色调为主，注重自然光线和柔和的过渡效果，画面的整体色彩饱和度较低。常用于营造青春、清新、自然的氛围，适合各种类型的短视频。

● **青橙**：这种风格中的整体色彩以青色和橙色为主，颜色偏冷，两种色彩在视频画面中形成强烈对比，让视频更具视觉冲击力，适合旅行类短视频，如图 4-26 所示。

● **黑金**：这种风格中的色彩以黑色和金色为主，通常可将视频画面设置成黑白色，然后保留黑色部分，将白色部分转变成金色，适合表现街景和夜景的短视频画面，如图 4-27 所示。

● **甜美糖果**：这种风格的调色可让人感到甜美，通常以亮度较高的纯色为主色调。例如，淡粉、明艳紫、柠檬黄、宝石蓝和芥末绿等，视频画面的对比度和清晰度较低，主色的饱和度和亮度较高，适合美食类短视频。

●**赛博朋克**：这种风格以高饱和度的蓝色和紫色为主，注重未来感的科技元素和光影效果，营造出冷酷、未来主义的氛围，适合Vlog和剧情类短视频，如图4-28所示。

●**复古怀旧**：复古怀旧色调色彩饱和度较低，画面色调较暗，通常使用褐色或暖色调，使画面呈现出旧时影像的感觉。这种风格可以给人一种怀旧、温馨或浪漫的感觉，适合剧情类的短视频，如图4-29所示。

图4-24 电影质感

图4-25 大片效果

图4-26 青橙

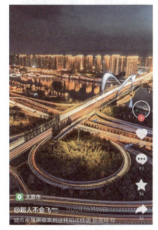

图4-27 黑金

图4-28 赛博朋克

图4-29 复古怀旧

短视频调色有一个通用的方案可以作为参考，如表4-3所示。

表4-3 短视频调色通用方案

亮度	对比度	色温	饱和度	锐化
提高到25以内	提高到35以内	降低到-40以内	提高到45以内	提高到35以内

【例4-6】将短视频的画面色彩调制为小清新风格。

下面利用剪映中的"调节"面板，通过基础调色将视频素材的画面色彩调制为小清新风格，具体操作步骤如下。

① 在剪映中将视频素材（配套资源：\素材文件\项目四\小清新调色.mp4）导入"媒体"面板的"本地"列表框，并拖动到"轨道"面板中。

② 在右上角的面板中单击"调节"选项，展开"调节"面板。在"基础"选项卡的"色彩"栏和"明度"栏中调整参数，这里由于视频素材的光线较暗，可以适当增加画面的对比度、高光和阴影，再适当调低饱和度，让视频画面显得更明朗，如图4-30所示。

③ 继续在"明度"栏中增加光感，提升视频画面亮度，然后在"效果"栏中调整参数，适当增加锐化、清晰和颗粒，以提高视频画面的清晰度，如图4-31所示。

④ 单击"曲线"选项卡，在"红色通道"下面的窗格中拖动调节红色曲线，将高光部分曲线提高，阴影部分曲线拉低，如图4-32所示。

 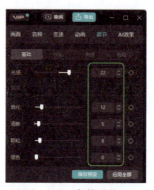 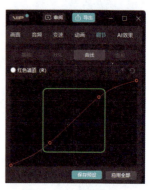

图4-30　参数调节1　　　图4-31　参数调节2　　　图4-32　调节曲线

⑤ 用同样的方法调整"绿色通道"和"蓝色通道"窗格中的绿色曲线和蓝色曲线，都是将高光部分曲线提高，阴影部分曲线拉低，完成小清新风格的短视频调色（配套资源：\效果文件\项目四\小清新调色.mp4）。图4-33所示为调色前后的短视频画面对比，左图为调色前的短视频画面。

图4-33　调色前（左图）后（右图）的短视频画面对比

↘（四）AI调色

随着AI技术的发展，很多视频剪辑软件具备了AI调色的功能。在调色过程中，这些软件会在 AI 技术的支持下，利用深度学习等算法对图像的颜色、对比度、饱和度等参数进行自动调整，使图像呈现出更美观、更专业的效果。例如，在剪映中，就有智能调色、色彩克隆和色彩校正 3 种 AI 调色的方式，如图 4-34 所示，用户只需要选中对应的单选项，就能进行自动调色。

图 4-34　AI 调色

任务三　处理音频

处理音频也是剪辑工作的重要组成部分，主要内容是根据短视频内容的风格选择适合的人声、音效和背景音乐，甚至使用专业的配音。本任务将介绍音频处理的相关知识，帮助大家学习并掌握如何消除噪声，以及如何为短视频添加音效和背景音乐。

（一）音画分离

在处理短视频中的音频时，特别对于同步录音的短视频，需要将音频和视频分割开，这就是所谓的音画分离。具体操作方法：将需要音画分离的视频素材上传到剪映中，再添加到"轨道"面板，在轨道中的视频素材上单击鼠标右键，在弹出的快捷菜单中选择"分离音频"命令。

（二）消除噪声

噪声会严重影响观众观看短视频的听觉感受，所以，在剪辑短视频时，应消除视频素材中的噪声。很多剪辑软件都自带降噪功能，即利用相关音频效果消除噪声，如降噪、消除齿音和消除嗡嗡声等，为视频素材中的音频应用这些效果可以在一定程度上消除噪声。

> **小贴士**
>
> 大部分视频剪辑软件的降噪功能还不够完善，如可能将短视频的环境声音判断为噪声进行消除。如果对降噪要求较高，可以使用 Audition 等专业音频处理软件进行降噪。

【例 4-7】利用剪映自带的降噪功能消除短视频中的背景噪声。

下面就利用剪映自带的降噪功能消除视频素材中的背景噪声，具体操作步骤如下。

利用剪映自带的降噪功能消除短视频中的背景噪声

① 将需要降噪的视频素材（配套资源：\ 素材文件 \ 项目四 \ 降噪 .mp4）导入"媒体"面板的"本地"列表框，并拖动到"轨道"面板。

② 预览视频效果，可以听到视频素材中有很大的背景噪声，在右上角的面板中单击"音频"选项，展开"音频"面板。

③ 单击选中"人声美化"和"音频降噪"单选项，如图 4-35 所示，剪映将自动识别短视频中的人声和噪声，对其进行美化和降噪处理。

④ 处理完成后，在"播放器"面板中播放短视频，即可发现短视频中的噪声几乎已经被消除（配套资源：\ 效果文件 \ 项目四 \ 降噪 .mp4）。

图 4-35　美化和降噪

↘（三）收集和制作各种音效

音效是一种由声音所制造出来的效果，其目的是为一些场景增进真实感、烘托气氛等。剪辑短视频时，在不同的场景添加不同的音效可以突出视频内容所要表达的效果。

1. 软件自带

短视频剪辑软件或 App 中大多自带一些音效，在剪辑短视频时可以直接下载使用。例如，剪映中就有多种类型的热门音效，如图 4-36 所示。

图 4-36　剪映中自带的热门音效

2. 网上下载

在专业的素材网站中可以下载各种音效，如耳聆网和爱给网等，很多专业录音师和声音爱好者在网站中参与了分享。这些网站汇聚了各种奇妙的声音效果，声音资源非常丰富，且网站分类明确，很容易就能精确查找到需要的音效，也可以试听后再下载。

3. 软件制作

大多数的短视频剪辑软件都能制作音效，其方法是将需要的音效所在的视频素材进行音画分离，然后分割音频轨道中的音频素材，保留需要的音频作为音效。以剪映为例，将视频素材导入"轨道"面板中，然后进行音画分离，并将视频轨道中的视频素材删除，然后分割音频素材，最后删除多余的音频并将需要的音频导出为音频文件。

↘（四）设置背景音乐

背景音乐是影响短视频关注度高低的一个重要因素，即使短视频的内容不是太精彩，但如果选取了非常合适的背景音乐，也会产生"1+1>2"的效果。所以，设置背景音乐就成了短视频剪辑过程中一个非常重要的步骤。下面就介绍选择背景音乐的原则，以及为不同类型的短视频选择背景音乐的相关知识。

1. 选择背景音乐的原则

背景音乐通常根据短视频的内容主题、整体节奏和氛围来选择，并要能完美融合短视频。具体来说，选择背景音乐有以下 3 个原则。

●**适合短视频的情绪氛围**：选择背景音乐时需要根据内容主题确定主要的情绪基调。音乐都有自己独特的情绪和节奏，选择与短视频内容情绪吻合度较高的背景音乐，能增强视频画面的感染力，让观众产生更多的代入感。例如，搞笑短视频如果使用温情或恢宏大气的背景音乐，就会显得很突兀，影响搞笑效果。

●**与视频画面产生互动**：通常背景音乐和短视频画面的节奏匹配度越高，短视频就越具有观赏性。例如，剧情类短视频经常在剧情高潮部分切换背景音乐，通过背景音乐的节奏反差来渲染戏剧效果。所以，选择背景音乐时应该注意音乐的节奏，最好让背景音乐与视频画面产生互动。

●**选择合适的形式**：在短视频中，画面才是主角，而背景音乐只是对画面的辅助。最好让观众在背景音乐的自然流淌中欣赏视频画面，感觉不到背景音乐的存在。通常情况下，纯音乐作为背景音乐较适合，除非画面需要背景音乐的歌词来增加观众的代入感。

小贴士

　　很多短视频剪辑软件或 App 中都有当前热门的背景音乐库，可以根据短视频主题进行选择。例如，剪映中就有推荐音乐、抖音、纯音乐、卡点等多种类型的背景音乐，图 4-37 所示为剪映中推荐的背景音乐。

图 4-37　剪映中推荐的背景音乐

---

2. 不同类型短视频的背景音乐选取

不同类型的短视频具有不同的主题和节奏，所以需要选择不同类型的背景音乐。下面介绍 4 类短视频适合采用的背景音乐。

●**剧情类**：为剧情类短视频选择恰当的背景音乐不但能够推动剧情的发展，甚至还能放大剧情的戏剧效果。剧情可以大致分为喜剧和悲剧，喜剧类短视频可选择一些搞怪或轻松的背景音乐，悲剧类短视频可选择煽情感人的背景音乐。

●**时尚类**：时尚类短视频的目标用户通常是年轻人，可以挑选节奏快且时尚的背景音乐，如流行音乐、电子乐、摇滚音乐等，这类背景音乐可以直接从热门音乐榜单中选择。

●**旅行类**：旅行类短视频可以利用背景音乐引导观众去感悟旅途的风景。例如，展示宏伟壮观景色的短视频可选择一些气势恢宏的交响乐作为背景音乐；展示古朴典雅的景色和建筑的短视频则可选择民族音乐或民谣小调；侧重介绍传统文化的短视频则可选择舒缓的古典音乐来渲染气氛，增强观众的代入感。

●**美食类**：美食类短视频通常会通过视觉和听觉上的冲击来调动观众的感官，从而使观众产生满足感。所以，美食类短视频可挑选一些轻快、欢乐风格的纯音乐、爵士音乐或流行音乐作为背景音乐。

↘（五）AI 音频处理

在剪辑短视频的过程中，AI 音频处理主要涉及语音合成、音乐生成、音频编辑等方面的应用。

●**语音合成**：语音合成是指将文本转换成自然流畅的语音的过程。在 AI 技术的支持下，语音合成工具通过深度学习等算法，能够模拟人类发音的特点，生成逼真的人声。常用的语音合成方面的 AI 工具包括讯飞配音和魔音工坊等，图 4-38 所示为讯飞配音的操作界面。

●**音乐生成**：音乐生成是指 AI 工具在 AI 技术的支持下，通过算法分析大量音乐作品中的旋律、和声、节奏等元素，并根据设定或需求，自动生成具有特定风格或情感的音乐。常用的音乐生

图 4-38 讯飞配音的操作界面

成方面的AI工具包括Suno和网易天音等。

●**音频编辑**：音频编辑是指对音频进行剪辑、处理、调整等操作，以达到所需的效果。很多音频编辑工具在AI技术的支持下，通过自动化和智能化的方式，提高了音频编辑的效率和准确性。常用的音频编辑方面的AI工具包括腾讯TEM Studio等。

【例4-8】利用网易天音创作一首歌曲。

下面使用网易天音为即将毕业的大学生创作一首民谣歌曲，具体操作步骤如下。

① 登录网易天音的官方网站，在打开的"快速开始"网页的"AI一键写歌"栏中单击"开始创作"按钮。

② 在"新建歌曲"对话框中的"关键字灵感"选项卡的文本框中输入歌词的关键字，然后展开"作曲/段落结构/音乐类型(选填)"栏，设置段落结构和音乐类型，最后单击"开始AI写歌"按钮，如图4-39所示。

③ 网易天音将在AI技术的支持下，自动创作一首歌曲，然后打开歌曲对应的页面，在左侧显示歌曲的曲谱，右侧显示歌词，可以根据自己的需求进行编辑和调整。另外，还可以单击"切换歌手"和"切换风格"按钮，在展开的列表框中设置歌曲的演唱者和风格，还可以在页面上方设置拍号、拍速、调号等，如图4-40所示。

图4-39 新建歌曲

图4-40 编辑和调整歌曲

④ 完成后，单击右上角的"导出"按钮，根据提示操作将歌曲保存到计算机中。

任务四 后期制作

设置好音效和背景音乐后，剪辑短视频就进入最后一步操作，即制作后期效果，主要包括制作字幕，制作封面、片头和片尾，以及导出和发布短视频等。本任务将详细介绍后期制作的相关操作，让大家能够将剪辑完成的短视频轻松发布到网络中。

（一）制作字幕

一些短视频为了加强个性色彩，会使用各地的方言或加快语速制造幽默效果，此时就需要为视频画面制作字幕，以保证所有观众都能理解短视频内容。此外，在短视频创作中，制作字幕还有以下4个重要功能。

● **提供信息和解说**：字幕可以为观众提供短视频中的关键信息，如地点、时间、人物的身份、对话内容等。特别是在没有对白或有语言障碍的情况下，字幕可以帮助观众理解故事情节和角色之间的交流，如图4-41所示。

● **各取所需**：不同的观众吸收信息的方式不同，如有些观众不擅长聆听而善于阅读，字幕便能让其更有效率地理解短视频内容。

● **展现短视频的风格**：字幕是短视频创作的重要组成部分，字幕的大小、字体和颜色等也可以体现短视频的风格。例如，搞笑类短视频通常会使用比较个性化的字体来制作字幕；政务类短视频常使用比较标准的印刷字体来制作字幕；萌宠类短视频则常使用彩色卡通风格的字体来制作字幕，如图4-42所示。

● **视觉辅助**：字幕不仅可以显示对话内容，还可以用于视觉辅助。例如，展示时间倒计时、显示日期和地点的标签、描述场景或者配文等。这些字幕的运用可以增强叙事效果和视觉呈现，如图4-43所示。

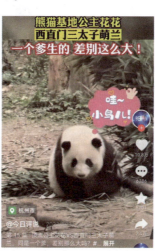
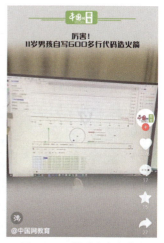

图 4-41　对白字幕　　　　图 4-42　卡通风格字幕　　　　图 4-43　描述内容字幕

制作字幕的方法比较简单，通常在需要添加字幕的视频画面中输入对应的文本即可，另外，很多短视频剪辑App也具备自动识别并添加字幕的功能。但在制作字幕的过程中，有以下3个注意事项。

● **保证字幕的准确性**：字幕的准确性通常能反映短视频制作的品质。制作精良的短视频，其字幕会力求准确，避免出现错别字、不通顺等问题。另外，错误的字幕容易对观众形成误导，造成负面影响。

●**字幕位置要合理**：短视频的标题和账号名称通常显示在左下角，添加字幕时应避开这个位置，否则会形成遮挡，通常可以将字幕设置在画面上方1/4处。另外，短视频画面如果为横屏，也可以把字幕放置在画面上方。

●**添加描边以突出字幕**：当采用白色或黑色的纯色字幕时，字幕很容易与视频画面相重合，影响观看，此时可以采用添加描边的方式来突出字幕。

【例4-9】为短视频制作字幕。

为短视频制作字幕

随着剪辑技术的进步，现在很多剪辑软件能够根据短视频内容自动识别并添加字幕。下面就在剪映中使用智能字幕功能，为短视频制作字幕，具体操作步骤如下。

① 将需要制作字幕的视频素材（配套资源：\ 素材文件 \ 项目四 \ 添加字幕 .mp4）导入"媒体"面板的"本地"列表框，并拖动到"轨道"面板中。

② 在左上角的面板中单击"文本"选项，打开"文本"面板，在左侧的列表框中单击"智能字幕"按钮，在右侧窗格的"识别字幕"栏中单击"开始识别"按钮，剪映将自动识别短视频中的人物对话，然后在"轨道"面板中自动添加文字轨道，并按照短视频中对话发生和结束的时间，在短视频画面下方添加字幕，如图4-44所示。

图4-44　添加字幕

③ 在"播放器"面板右侧将自动显示"文本"面板，在其中可以设置字幕文本的字体、字号、样式和颜色等，也可以为字幕文本设置气泡、花字等特效。

④ 设置完文本后，即可完成制作字幕的操作（配套资源：\ 效果文件 \ 项目四 \ 添加字幕 .mp4）。

↘（二）制作封面、片头和片尾

好的短视频不仅要从内容上吸引和打动观众，还要在封面、片头和片尾上体现短视频创作者的创意和用心。简单地说，短视频要想脱颖而出，需要同时具有醒目、可识别的封面，迅速抓住观众注意力的片头，以及意蕴丰富且令人沉思的片尾。

1. 制作封面

短视频的封面通常有视频和图片两种形式。其基本特征包括时长（针对视频）在 3 秒以内；画面清晰完整，且没有任何压缩变形的情况；画面重点突出；画面和文字相匹配，不偏离主题；文字清晰，字体规范，不遮挡视频画面的主体。

有吸引力的封面可以大幅度提升观众的观看意愿，因此有必要精心制作。制作封面通常有以下思路。

（1）以用户定位为切入点

通常短视频都会有明确的用户定位，根据用户定位可以确定用户所关注的核心信息。例如，穿搭类短视频的用户往往会关注与服装、时尚等相关的信息，美食类短视频的用户则对诱人的美食图片更为敏感，如图 4-45 所示。因此，在制作封面时，可以有针对性地选择用户群体所喜爱的图片或视频。这样用户就能快速了解该短视频的核心内容，相应地，短视频的用户覆盖精准度也会更高。

（2）制造悬念引发好奇心

制作封面时，使用吸引人的画面、人物或文字等制造悬念，可以让观众产生了解事实真相及洞悉事件走向的意愿，进而继续观看短视频。例如，在某科普账号的短视频封面中，就常用各种疑问句作为标题，如图 4-46 所示，制造较强的悬念，吸引感兴趣的观众观看完整条短视频。

（3）以人物为主要吸引点

以人物为主要吸引点的短视频封面可以通过以下 3 种方式吸引用户。

● **设计统一的形式**：封面可以统一使用内容和风格类似的图片，或者搭配相关文字信息，让封面内容具备统一性。例如，某时尚达人的短视频封面通常都是自己拍摄的古装照片，以彰显统一性，如图 4-47 所示。

图 4-45　用户定位的封面　　图 4-46　制造悬念的封面　　图 4-47　统一形式的封面

● **表情丰富**：封面中人物丰富的表情通常能引起观众的兴趣，引发观众讨论或带给观众快乐，但此种方式需要形成系列化风格。

● **感动观众**：直接在封面中展示最容易感动观众的人物画面是一种巧妙的方式。例如，一个消防员凌晨吃面的短视频，其封面中展示消防员全身被水淋湿，脸上焦黑，用冷得发抖的手拿筷子挑面的画面，使很多观众十分感动，取得了很高的播放量。

（4）呈现精美的效果

短视频的封面可以直接展示经过剪辑后的视频精彩画面。例如，美食类短视频通常会选择制作完成的美食作为封面，让观众看到后垂涎欲滴，进而产生继续观看的意愿；旅行类短视频以各地美丽的风景作为封面；生活类短视频以富有田园风情的视频画面作为封面；影视娱乐类、创意类、动漫类和摄影教学类等短视频将成品或精彩特效作为封面，这些呈现精美效果的封面能吸引众多的观众观看。

（5）展示故事情节

这种短视频封面通过"画面 + 文字"的形式，以第一人称诉说亲身遭遇，容易形成极强的感染力，引起观众的共鸣。例如，某个短视频的封面是男女主角抱头痛哭的画面，配上了文字"在一起6年，风雨同舟，向她求婚，两人都哭成泪人！"这条短视频在短短一小时内播放量突破百万，评论高达数千条。这就是典型的展示故事情节的短视频封面，通过场景化的片段，向观众展现爱情的美好，引发观众共鸣。

（6）展示重点信息

展示重点信息的短视频封面通常需要挑选出短视频中的核心信息，将其归纳成关键词，并用醒目的方式显示在封面上。例如，很多科技类短视频的封面会直接使用大号字体展示重点信息，如图4-48所示。

另外，在封面制作过程中，还需要注意以下事项。

● **画面应具有原创性**：封面应尽量使用原创内容，最好选择短视频中的某一帧画面或某一个片段。

● **少广告，少水印**：有些短视频平台会限制有广告词或水印的短视频发布，而且观众也比较反感赤裸裸的广告，所以封面中应少加广告词和水印。

● **注意封面的尺寸和构图比例**：短视频平台通常对封面有尺寸要求，因此制作封面前需要提前了解。另外，封面的构图比例应该与短视频画面一致，否则容易产生视觉错乱感，影响观看体验。

图4-48 展示重点信息的短视频封面

● **画面清晰**：封面中的图片或视频一定要清晰，避免模糊、信息残缺不全或过暗过亮等问题，否则一旦影响观众的观看体验，观众通常不会继续观看。

● **封面文字的设计**：封面中的文字，包括字体、字号和颜色等都需要设计，其目的是展示短视频的重点内容，并对封面进行补充说明。另外，封面文字的位置也应避免和标题重叠。在以人物为中心的短视频封面中，文字通常应位于画面的中间位置；在其他类型的封面中，文字应位于画面上部1/4处。

2. 制作片头和片尾

最初的短视频很少制作片头，现在，为了提升短视频的播放率，吸引观众的关注，很多短视频也会制作片头。短视频的片头通常有 3 种形式：一是播放短视频中最吸引观众的视频片段；二是短视频内容介绍；三是类似于影视剧的片头。

短视频的结尾通常有 3 种形式：一是没有片尾，短视频播放结束后便立即重新播放；二是使用普通片尾，即一张请求观众点赞、收藏、关注的圆形图片；三是使用影视片尾，即类似于影视剧的滚动字幕。

短视频片头和片尾的制作方式基本相同，可以使用自己拍摄的视频素材进行剪辑，也可以使用剪映提供的模板进行编辑。

利用剪映制作短视频普通片尾

【例 4-10】利用剪映制作短视频普通片尾。

短视频的普通片尾可以直接使用剪映的短视频模板进行制作，直接将模板中的图片更换为自己的图片，具体操作步骤如下。

① 启动剪映，单击"开始创作"按钮，打开视频编辑主界面。

② 在左上角的面板中单击"模板"选项，打开"模板"面板，在左侧的列表中单击"片头片尾"按钮，在"片头片尾"窗格中找到一个普通片尾的样式模板，将其拖动到"轨道"面板中。

③ 剪映将自动下载该片尾模板，在视频轨道中将显示可以替换的项目，由于这里的模板只有一个替换项目，可直接单击"替换"按钮，如图 4-49 所示。

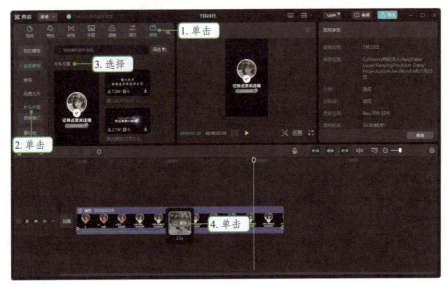

图 4-49　制作普通片尾

④ 打开"请选择媒体资源"对话框，在其中选择自己的图片（配套资源：\素材文件\项目四\普通片尾 .tif），单击"打开"按钮。

⑤ 在"播放器"面板中可以查看替换图片后的普通片尾效果，完成片尾制作（配套资源：\效果文件\项目四\普通片尾 .mp4）。之后，在剪辑短视频时只需将其添加到短视频结尾处就能作为片尾使用。

小贴士

为短视频制作影视片尾也可以使用剪映，其方法与制作普通片尾类似，只需要在"模板"面板中搜索"影视片尾"，然后选择合适的影视片尾模板，并替换模板中的图片和文字。注意，替换文字只需要选择视频轨道，在右上角的"文本"面板的文本框中修改模板中的文字，如图 4-50 所示。另外，还可以修改文字的大小和背景音乐的音量等。

图 4-50　替换文字

↘（三）导出短视频

导出短视频是指在完成视频素材的编辑、调色、音频编辑、添加字幕、制作封面和片尾等步骤后，将短视频输出成适合观看的视频格式，如 mp4 等，并确保短视频的视频质量和文件大小适中。

【例 4-11】导出制作好的短视频。

下面使用剪映将前面制作好的普通片尾输出成短视频，具体操作步骤如下。

导出制作好的短视频

①打开剪映，在"草稿"列表框中单击打开前面制作的普通片尾短视频"普通片尾"（剪映中剪辑的短视频通常都会自动保存在"草稿"中）。

②打开"普通片尾"编辑窗口，单击右上角的"导出"按钮，打开"导出"对话框，在"标题"文本框中输入短视频标题，单击"导出至"文本框右侧的▢按钮，打开"请选择导出路径"对话框，可设置导出短视频的保存位置，然后单击"选择文件夹"按钮。

③在展开的"视频导出"栏中，可以设置导出短视频的分辨率、码率和格式等，如图 4-51 所示。另外，还可以展开"音频导出"栏，设置导出短视频的音频格式。

④单击"导出"按钮，剪映将按设置导出短视频，完成后打开如图 4-52 所示的对话框，

123

可以在其中选择短视频平台后将短视频发布到该平台中，这里单击"关闭"按钮，完成导出短视频的操作。

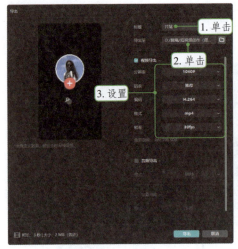

图 4-51　导出短视频

图 4-52　完成操作

（四）发布短视频

发布短视频可以使短视频更广泛地传播、分享和被观赏，为观众与短视频创作者之间搭建更直接的互动平台，同时也提供了更多的发行渠道，有效促进了短视频的发展和推广。

> **小贴士**
>
> 发布时间是影响短视频发布效果的一个重要因素，即使是同一个短视频，如果在不同的时间发布，其发布效果都可能会有很大的不同。短视频的发布时间通常为 6～9 时、12～14 时、18～20 时、21～23 时，这些都是比较重要的时间段。

1. 作品描述

作品描述以文案的形式出现在短视频画面的左下角，用于向观众户传达短视频创作者的思想和意图，带动观众的情绪，并吸引观众关注。作品描述通常有以下 5 种类型。

●**悬念**：悬念是用结果的未知或者直接以悬念故事开头等来撰写作品描述，从而吸引观众看完整个短视频，如"一定要看到最后"等。

●**叙述**：叙述是指将短视频的内容和主题用平铺直叙的方式表述出来，大多数短视频都采用这种类型，如图4-53所示。

●**互动**：互动是以疑问或反问的形式来与观众互动。这种作品描述往往能够激起观众强烈的好奇心。例如，"你真的想看×××？""还不来美丽的川西吗？""这种独特的美食做法你尝试过吗？"等，如图4-54所示。

●**正能量**：正能量是指作品描述多体现励志、真善美等，很多观众更愿意观看和分享这种类型的短视频，如图4-55所示。

| 图 4-53　叙述性作品描述 | 图 4-54　互动性作品描述 | 图 4-55　正能量作品描述 |

● **段子**：段子本是相声中的一个艺术术语，是指相声作品中一节或一段艺术内容。现在的段子指带有某种特殊意味或内涵的一段话等，内容可以幽默有趣，也可以针砭时弊，将作品描述创作为段子能让观众放松心情。

2. 话题标签

话题是指短视频平台中的热门内容主题，通常情况下，以"#"开头的文字就是话题标签。例如，"# 美食制作""# 搞笑""# 挑战赛"等。被广大观众所关注的话题通常是短视频的重要流量来源，在发布短视频时添加话题标签容易获得更多观众的关注。短视频平台中的话题主要有挑战话题和普通话题两种类型。

● **挑战话题**：挑战是一种非常特别的话题，设置这种话题的主要目的是吸引观众参与挑战，扩大短视频传播范围，有效聚焦流量。在抖音中还有另外一种挑战话题标签，以小卡片的形式出现在短视频画面中，如图4-56所示，点击小卡片即可进入挑战页面。

● **普通话题**：普通话题涉及生活的各个方面，如生活、娱乐、工作和学习等。添加适当的普通话题标签有助于短视频平台识别内容类型并对其进行精准推荐，因此，短视频创作者可以根据短视频内容选择适当的、热门的话题，提升短视频的曝光度。

3. 其他设置

发布短视频时还可以通过添加地理位置或 @ 其他账号等方式来提升短视频的关注度。

图 4-56　挑战话题标签

● **添加地理位置**：添加地理位置后，短视频的发布地点或者指定地点将展现在短视频账号名称的上方。添加地理位置后，观看该短视频的观众通常会产生一种身份认同感，甚至产生线下偶遇的期待。例如，美食短视频中添加了该美食的店铺地址，由于地址定位本身就是一种引导观众的商业推广方式，所以，在一定程度上可以为店铺引流。

● @其他账号：@是指通过@短视频账号名称的方式，提醒该账号关注某内容。发布短视频时，采用@朋友或@官方账号的方式可以增加短视频的播放量。通常@其他账号的对象都是自己关注的某个短视频达人，因为有可能该达人在收到提示后会观看该短视频，甚至可能转发或回关，从而使该短视频被更多观众看到。

【例4-12】将短视频发布到抖音中。

下面使用剪映将制作好的短视频发布到抖音短视频平台中，并撰写作品描述，添加话题标签和@其他账号，具体操作步骤如下。

① 打开剪映，导出前面制作的普通片尾短视频"普通片尾"。导出完成后，在"导出"对话框的"标题"文本框中输入作品描述，然后单击下面的热门标签，将其添加到作品描述后面，接着单击"@提到"按钮，在弹出的列表中选择需要@的账号，最后，单击"发布"按钮，如图4-57所示。

② 打开"抖音创作者中心"页面，然后使用抖音账号进行登录。

③ 打开"作品管理"页面，该短视频已经发布到抖音平台，目前正处于平台审核环节，如图4-58所示，完成后就能被观众看到（在平台审核的过程中，自己可以在抖音App中观看发布的短视频，但只有审核通过后，其他人才能观看）。

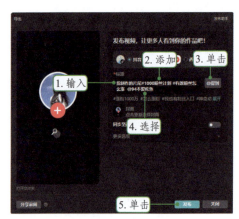

图4-57 发布设置

图4-58 发布审核

课后实训——剪辑剧情类短视频《星星》

【实训目标】

根据上一个项目中拍摄的《星星》短视频的视频素材，通过本项目学习的剪辑短视频的方法，将其剪辑成剧情类短视频，最后导出短视频。

【实训思路】

第一步：导入和编辑视频素材。

先将所有拍摄的视频素材导入到剪映中，然后将所有视频素材进行编辑和组合，使其组成一个完整的短视频。

第二步：调色和处理音频。

根据《星星》短视频的主题风格，将短视频的颜色调整为小清新风格；接着处理视频素材中的噪声，并为短视频添加音效和背景音乐。

第三步：后期处理。

为短视频添加字幕，然后利用剪映模板制作短视频的封面和片头片尾，最后，导出剪辑完成的短视频。

【实训操作】

↘ （一）导入和剪辑短视频素材

导入和剪辑
短视频素材

首先将素材文件导入剪映中，并删除多余的视频画面，然后为一些重点视频画面设置转场效果，具体操作步骤如下。

① 启动剪映，单击"开始创作"按钮，打开视频编辑主界面。在左上角的面板中单击"导入"按钮，将所有需要进行剪辑的视频素材（配套资源:\素材文件\项目四\星星素材\）导入"媒体"面板中，将"1.mp4"视频素材拖动到"轨道"面板。

② 将时间线定位到"00:00:05:00"位置，在工具栏中单击"向右裁剪"按钮▐，将视频时长裁剪为 5 秒，在"播放器"面板中查看效果如图 4-59 所示。

③ 拖动"2.mp4"视频素材到"轨道"面板中另一条轨道上，将时间线定位到"00:00:05:00"位置，在工具栏中单击"向右裁剪"按钮▐。接着，将时间线定位到"00:00:02:00"位置，在工具栏中单击"向左裁剪"按钮▐。最后，将"2.mp4"视频素材移动到"1.mp4"视频素材右侧。

④ 用同样的方法裁剪其他视频素材。其中，"3.mp4"视频素材的裁剪位置分别在"00:00:01:00"和"00:00:04:00"，"4.mp4"的在"00:00:01:00"和"00:00:02:00"，"5.mp4"的在"00:00:01:00"和"00:00:04:00"，"6.mp4"的在"00:00:01:20"和"00:00:04:10"，"7.mp4"的在"00:00:04:10"和"00:00:06:10"，"8.mp4"的在"00:00:02:00"和"00:00:10:00"，"9.mp4"的在开始和"00:00:02:00"，"10.mp4"的在"00:00:03:10"和"00:00:08:00"，"11.mp4"的在"00:00:02:15"和"00:00:03:15"，"12.mp4"的在"00:00:02:00"和"00:00:07:00"，"13.mp4"的在"00:00:02:00"和"00:00:04:10"，"14.mp4"的在开始和"00:00:06:00"，"15.mp4"的在开始和"00:00:05:00"，"16.mp4"的在"00:00:02:10"和"00:00:05:20"，"17.mp4"的在"00:00:04:00"和"00:00:06:00"，"18.mp4"的在"00:00:02:00"和"00:00:04:00"，"19.mp4"的在"00:00:01:00"和"00:00:03:00"，"20.mp4"的在"00:00:02:20"和结尾，"21.mp4"的在"00:00:05:00"和"00:00:09:00"，"22.mp4"的在"00:00:01:00"和"00:00:07:00"。

⑤ 单击"转场"选项，打开"转场"面板，将"叠化"转场效果拖动到视频轨道的"3.mp4"

和"4.mp4"视频素材中间，在右上角展开的"转场"面板的"时长"数值框中输入"0.1s"，如图4-60所示。用同样的方法在"5.mp4"和"6.mp4"、"14.mp4"和"15.mp4"、"15.mp4"和"16.mp4"、"18.mp4"和"19.mp4"、"19.mp4"和"20.mp4"、"20.mp4"和"21.mp4"视频素材之间添加同样的"叠化"转场，持续时间设置为"0.1s"，然后继续在"8.mp4"和"9.mp4"视频素材之间添加"叠化"转场，并设置持续时间为"0.5s"，最后在"13.mp4"和"14.mp4"视频素材之间添加"翻页"转场，并设置持续时间为"1.0s"，完成导入和编辑视频素材的操作。

图4-59　裁剪视频素材的效果

图4-60　设置转场的持续时间

↘（二）调色

接下来就需要为短视频调色，由于短视频的主要内容是以校园和青春为主题，所以这里将其整体色调调整为小清新风格。由于短视频素材文件很多，这里选择不同场景中的某个素材进行调色，然后将调色方案应用到其他相同场景的素材中，并根据实际效果进行微调，具体操作步骤如下。

调色

① 在剪映的草稿中打开前面已经完成了剪辑操作的短视频文件，在"轨道"面板中选择"4.mp4"视频素材。

② 单击"调节"选项，打开"调节"面板，调整其中的各种色彩参数，这里适当提高对比度、高光、阴影、白色和光感等参数，然后适当调低饱和度，让视频画面看起来更明朗，如图4-61所示。

③ 在"调节"面板中单击"曲线"选项卡，在"红色通道"窗格中拖动调节红色曲线，将高光部分曲线提高，阴影部分曲线拉低，如图4-62所示，并用同样的方法调整绿色曲线和蓝色曲线。

④ 在"调节"面板中单击"基础"选项卡，调整锐化为"11"，以提高视频画面的清晰度；调整颗粒为"2"，以提升画面质感。

⑤ 单击"调节"面板右下角的"应用全部"按钮，将这个视频素材的调色方案应用到所有视频素材中，完成视频画面调色的操作，调色前后的视频画面对比如图4-63所示。另外，由于每个视频素材拍摄的画面可能存在差别，也可以分别查看每个视频素材的画面色彩，并对其中的参数进行微调，使其达到最佳画面效果。

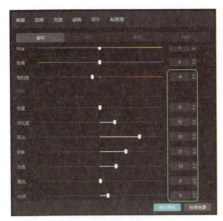

图 4-61　调色参数

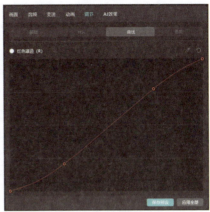

图 4-62　调整曲线

图 4-63　调色前（左图）后（右图）的视频画面对比

↘（三）处理音频

处理视频素材中原有音频，主要是删除多余的声音和噪声，提高音频质量，具体操作步骤如下。

① 在剪映的草稿中打开前面已经完成了调色操作的短视频文件，在"轨道"面板中选择"1.mp4"视频素材。

② 在素材视频上单击鼠标右键，在弹出的快捷菜单中选择"分离音频"命令，然后在下面的音频轨道中选择分离出来的音频，按【Delete】键将其删除。

③ 用同样的方法删除"2.mp4""4.mp4""5.mp4""8.mp4""9.mp4""12.mp4""14.mp4""16.mp4""17.mp4""19.mp4""20.mp4""21.mp4"视频素材中的音频。

④ 选择"3.mp4"视频素材，将其音画分离后，拖动音频左右两侧边框，调整音频素材的时长，以此将音频中多余的噪声删除，如图4-64所示。

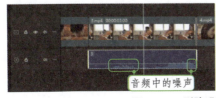

图 4-64　删除噪声并提升声音效果

小贴士

选择分离出来的音频素材，在右上角的"基础"面板中单击选中"人声美化""音频降噪""声音分离"3个单选项，能够更加方便地处理噪声并突出人声。

⑤ 用同样的方法为"7.mp4""13.mp4""18.mp4""22.mp4"视频素材清除多余的噪声，完成音频处理的操作。

↘（四）添加音效和背景音乐

处理噪声后就可以为短视频添加音效和背景音乐了，具体操作步骤如下。

添加音效和背景音乐

① 在剪映的草稿中打开前面已经完成了处理音频操作的短视频文件，导入音频文件（配套资源：\素材文件\项目四\星星素材\青春岁月.mp3）并将其拖动到"轨道"面板。

② 将时间线定位到"00:00:03:15"位置，并向左裁剪，然后将音频素材拖动到与视频素材左对齐的位置，然后将时间线定位到"12.mp4"素材最后，并向右裁剪。

③ 在"基础"面板中展开"基础"选项，将"音量"设置为"−10.0dB"，将时间线定位到"13"音频文件结束位置，在"轨道"面板的工具栏中单击"分割"按钮，分割音频素材，在"基础"面板中设置"淡出"时长为"0.5s"，如图4-65所示。

图4-65　设置音量

④ 导入音频文件（配套资源：\素材文件\项目四\星星素材\生活.mp3）并将其拖动到"轨道"面板中，将时间线定位到"00:00:16:28"位置，并向左裁剪。然后将音频素材拖动到"青春岁月.mp3"素材文件右侧，将时间线定位到"18.mp3"的结尾位置，向右裁剪音频素材，并将音量大小调整为"−30.0dB"。

⑤ 再次导入"青春岁月.mp3"音频文件，将时间线定位到"00:02:43:02"位置，向右裁剪，然后将时间线定位到"00:01:53:20"位置，并向左裁剪，最后将裁剪完的音频素材拖动到"生活.mp3"音频素材的右侧。

⑥ 将时间线定位到"00:01:08:06"位置,分割音频素材,选择左侧的音频素材,在"基础"面板的"淡入时长"数值框中输入"5.0s",在"淡出时长"数值框中输入"1.0s"。将时间线定位到"00:01:13:18"位置,分割音频素材,选择左侧的音频素材,将"音量"设置为"−10.0dB"。

⑦ 再次导入音频文件(配套资源:\素材文件\项目四\星星素材\婴儿哭.wav),将其拖动到一个新的轨道中,位于前面所有轨道的下面,将时间线定位到"00:00:46:00"位置,作为新音频素材的开始位置,然后将该音频素材右侧与"15.mp4"视频素材结束位置对齐,如图4-66所示,完成添加音效和背景音乐的操作。

图4-66 添加音效和背景音乐

（五）添加字幕

接下来为短视频添加字幕,由于需要输入的字幕不多,这里先由剪映智能识别和添加字幕,然后再修改字幕,并对无法识别的字幕进行手动添加,具体操作步骤如下。

添加字幕

① 在剪映的草稿中打开前面已经完成了添加音效和背景音乐操作的短视频文件,在左上角的面板中单击"字幕"选项,在打开的"字幕"面板中单击"开始识别"按钮,剪映将自动识别并添加字幕。

② 在"轨道"面板中单击添加的第一个字幕,在展开的"文本"面板的"字体"下拉列表框中选择"新青年体"选项,如图4-67所示,然后单击选中"描边"单选项,为字幕设置字体格式。

③ 在"文本"面板中单击"字幕"选项,打开"字幕"面板,可以看到剪映添加的全部字幕,单击第2条字幕,将其中的"他"修改为"它";将第5条字幕修改为"星星送给谁了";在第6条字幕中添加一个"乖"字;在第7条删除"乖"字;第8条字幕修改为"臭小子乱扔老爸东西";将第9条字幕中的"这"修改为"折",此时短视频字幕也会随之自动修改。

④ 在"轨道"面板中选择第一个字幕,将其复制到"3.mp4"视频素材位置,在"字幕"面板中将该字幕的文字修改为"你折星星干嘛",然后在轨道中调整字幕的位置和大小,使其与素材中人物说话的时间同步。

⑤ 用同样的方法在"7.mp4"视频素材上添加字幕"哦",在"14.mp4"视频素材上添加字幕"多年以后"。然后选择"多年以后"字幕,拖动延长字幕的时长,然后在"字幕"面板中单击"动画"选项,打开"动画"面板,在"入场"选项卡中选择"渐显"选项,

接着单击"出场"选项卡，选择"渐隐"选项，然后在下面的"动画时长"左侧的数值框中输入入场动画的时长，右侧的数值框中输入出场动画的时长，如图4-68所示，完成字幕动画的设置。

图4-67　添加字幕并设置格式

图4-68　设置字幕动画

↘（六）制作封面、片头和片尾

本例直接使用剪映中的模板制作封面和片尾，然后制作一个类似于影视剧开头的片头视频，具体操作步骤如下。

① 在剪映的草稿中打开前面已经完成了添加字幕操作的短视频文件，在"轨道"面板中选择所有的素材，单击"关闭主轨磁吸"按钮█，然后将所有素材向右侧拖动，为添加的片头视频留出轨道空间。

② 在左上角的面板中单击"模板"选项，在"模板"面板的搜索文本框中输入"小

制作封面、片头和片尾

清新片头"，按【Enter】键，在下面的列表框中选择"小清新片头"模板，将其拖动到"轨道"面板中。

③ 在"小清新片头"视频素材中单击"1 个素材待替换"按钮，在弹出的选项中单击"替换"按钮，打开"请选择媒体资源"对话框，选择一个替换的素材（配套资源:\ 素材文件 \ 项目四 \ 片尾 .tif），单击"打开"按钮。

④ 在"轨道"面板中选择"小清新片头"视频素材，在右上角的"文本"面板中修改片头文字。这里在"第 1 段文本"文本框中输入"星星"，在"第 2 段文本"文本框中输入"The Secret of Youth"。

⑤ 将时间线定位到"00:00:10:00"位置，在工具栏中单击"向右裁剪"按钮█，然后选择除片头素材外的其他所有素材，拖动并连接到片头素材右侧，效果如图 4-69 所示。

图 4-69 制作片头

⑥ 打开"转场"面板，展开"转场效果"选项，单击"叠化"选项卡，在右侧的面板中选择"雾化"转场效果，并将其拖动到视频轨道的"小清新片头模板"和"1.mp4"视频素材中间，在右上角展开的"转场"面板的"时长"数值框中输入"2.5s"，完成片头制作。

⑦ 在"轨道"面板中单击"封面"图标，打开"封面选择"对话框，可在"视频帧"选项卡下方的画面轴中选择其中一帧视频画面作为封面，如图 4-70 所示，单击"去编辑"按钮。打开"封面设计"对话框，在其中可以设置封面样式，这里保持默认，单击"完成设置"按钮。

⑧ 展开"模板"面板，搜索"影视片尾"，在搜索到的列表框中选择"电影感滚动字幕片尾"模板，将其拖动到"轨道"面板中的视频素材右侧，然后替换模板中的素材（配套资源:\ 素材文件 \ 项目四 \ 片尾素材 .tif），然后在右上角的"文本"面板中修改片尾文字，

然后单击"音频"选项，将"模板音频"设置为"－∞ dB"。最后，在"22.mp4"和"模板"两个视频素材之间添加"雾化"转场，时长为"3.0s"。

图 4-70　设置封面

⑨ 最后，再在短视频的末尾添加一个"创意电影片尾动画素材"模板，修改模板的文字和模板音频。在"轨道"面板中选择最后一段"青春岁月.mp3"音频素材，适当裁剪音频时长，并在"基础"面板中将"淡出时长"设置为"10.0s"，如图4-71所示，完成整个封面、片头和片尾的制作操作。

图 4-71　制作片尾

↘（七）导出短视频

下面导出制作好的短视频输出成片，具体操作步骤如下。

导出短视频

① 在剪映操作界面中单击右上角的"导出"按钮，打开"导出"对话框，在"标题"文本框中输入短视频标题"星星"，在"导出至"文本框中单击右侧的 ▢ 按钮，打开"请选择导出路径"对话框，设置导出短视频的保存位置，单击"选择文件夹"按钮。

② 在展开的"视频导出"栏中，设置导出短视频的分辨率、格式和码率等参数保持默认设置，单击"立即体验并导出"按钮（通常为"导出"按钮，这里是因为剪辑中使用了免费试用的会员权益），剪映将按设置导出短视频，并打开"导出"对话框，显示导出进度，如图 4-72 所示，导出成功后，可以直接发布短视频，这里单击"关闭"按钮，只进行导出短视频的操作（配套资源：\ 效果文件 \ 项目四 \ 星星 \ 星星 .mp4、星星 - 封面 .jpg）。

图 4-72　导出短视频

课后练习

试着根据本项目所学的剪辑知识，使用剪映自行剪辑《星星》短视频，看看最终效果和本案例中有哪些不同，并查找不同的原因。

项目 **五**
手机拍摄与剪辑短视频

案例导入

    大学生小李使用自拍杆和智能手机拍摄了大量大学生参与公益活动的视频素材，然后运用手机短视频剪辑 App——剪映，对视频素材进行了精心挑选与裁剪，将不同场景无缝衔接，形成了一个流畅且具有故事感的短视频。同时，该短视频中还加入了滤镜、字幕、特效等元素，提升了短视频的艺术效果，让人眼前一亮。这个短视频不仅记录了大学生参加公益活动的场景，还展示了大学生对公益活动的热情与追求，发布到网上不久，就获得了大量关注。这个短视频也成了连接校园与社会、激发公众公益热情的重要桥梁，让更多人意识到通过实际行动可以为社会带来正面影响。

    从以上案例可以看出，手机拍摄与剪辑短视频技术的普及，让每个人都能轻松成为自己故事的导演，用短视频这一形式充分展现自我，创造无限可能。

学习目标

- 了解手机拍摄短视频的器材。
- 熟悉手机拍摄短视频的常用App。
- 熟悉手机剪辑短视频的常用App。
- 掌握手机剪辑短视频的操作。

任务一　认识手机拍摄器材

　　手机是短视频拍摄与剪辑的主要器材之一，使用手机拍摄短视频时，为了提高拍摄质量，可能还要用到自拍杆、固定支架、手机云台和外接镜头等器材。本任务将认识和掌握这些手机拍摄器材，为使用手机拍摄短视频做好准备。

↘（一）　智能手机

　　智能手机是现在主流的手机类型（本书中所说的手机都是指智能手机），其功能等同于一台小型化的、可随身携带的个人电脑。现在的智能手机拍摄质量已经相当不错，有些配备了专业镜头和图像传感器的智能手机，其拍摄质量已经接近专业相机的拍摄质量。同时，手机自身还拥有多样的后期处理功能，如滤镜、剪辑、添加音效等，可以轻松地进行短视频的后期剪辑工作。智能手机在日常生活中几乎无处不在，人们可以直接用其拍摄短视频，如图5-1所示。

图 5-1　使用智能手机拍摄短视频

1. 手机作为拍摄器材的优势

　　手机作为常用的拍摄器材，在拍摄短视频时有以下6点优势。

　　● **拍摄方便**：人们在日常生活中随时随地都会携带手机，只要看到有趣的或美丽的风景/事物，就可以使用手机随时拍摄。一个精彩的瞬间、一些有趣的画面、优美的风景或者突然发生的新闻事件，不会给人们时间提前做好拍摄准备，此时便捷的手机就成了不错的选择。

　　● **操作智能**：手机拍摄短视频的操作都非常智能化，只需要点击相应的按钮即可开始拍摄，拍摄完成后手机会自动将拍摄的短视频保存到手机相册中。

　　● **编辑便捷**：手机拍摄的短视频直接存储在手机中，可以直接通过相关App来进行后期编辑，编辑好后还可以直接发布。而其他如相机和摄像机拍摄的短视频则需要先传输到计算机中，通过电脑中的剪辑软件处理后，再发布到网上。

● **互动性强**：手机具备极强的互动性，这也是其他拍摄器材所不具备的。手机能够设置多个窗口，一个窗口显示拍摄画面的同时可以在另一个窗口进行实时信息交流。

● **美化功能强**：很多手机自带美化功能，能够在拍摄短视频的同时美化短视频画面。而且，手机也可以通过安装App的方式来满足拍摄短视频时的美颜、滤镜等美化需求。

● **续航能力强**：目前大部分手机都支持多个小时的视频拍摄，如果连接上移动电源，将拥有更长的续航时间。

2. 智能手机常用镜头

目前，大多数智能手机都配置了 3 个拍摄镜头，如图 5-2 所示，能够轻松完成短视频的拍摄操作。

超广角镜头
主摄镜头
长焦镜头

图 5-2 智能手机配置的摄像镜头

● **主摄镜头**：主摄镜头是手机的主要摄像镜头，大都是广角镜头，适合拍摄距离较近的场景画面，通常是手机中像素和成像质量较高的镜头。

● **超广角镜头**：超广角镜头比广角镜头的取景范围更大，所拍画面中近的物体更大，远的物体更小，有强烈的透视效果，常用于拍摄风景、建筑和人物造型，拍摄出的画面极具视觉冲击感。

● **长焦镜头**：长焦镜头拍摄的画面比较真实，接近人眼的视角，还带有背景虚化效果，能够拍摄出影视剧效果的短视频。

↘（二）自拍杆

自拍杆其实就是一根装配了蓝牙设备的可伸缩金属杆，安装在手机上后，就可以承担起以往需要配备专业摄像器材、大型转播车以及大批专业人员一起完成的短视频拍摄工作。下面介绍自拍杆在拍摄短视频中的常用功能和常用拍摄手法。

1. 自拍杆的常用功能

自拍杆最初被用于拍摄照片，而随着手机性能的提升和短视频的流行，自拍杆也被广泛用于拍摄短视频。在拍摄短视频的过程中，自拍杆的常用功能有以下 5 项。

● **蓝牙配对连接**：目前主流自拍杆都需要利用蓝牙与手机配对连接，通常在启动自拍杆后，通过手机蓝牙搜索，然后进行配对连接；或者启动自拍杆后靠近手机，手机上将自动弹窗提示连接，如图5-3所示。

●**伸缩自如且能自由旋转**：伸缩自如是指自拍杆支架能够大范围伸缩，以便支持安装多种类型的手机；自由旋转则是指自拍杆支架能够360°旋转，可以为短视频拍摄带来更大的视角，如图5-4所示。

图 5-3 蓝牙配对连接　　　　　　　　图 5-4 360°旋转的伸缩支架

●**前后镜头转换**：手机通常有前后两组镜头，用于拍摄不同对象，所以，很多自拍杆都具备前后镜头转换功能，可以通过控制按钮来实现。

●**一键变焦**：变焦是短视频拍摄过程中常用的拍摄手法，自拍杆也可以通过变焦按钮实现一键变焦功能，如图5-5所示。

●**拍照/摄像切换**：为了实现拍照和摄像模式之间的切换，自拍杆也配备了对应的功能切换按钮，如图5-6所示，通常单击或双击切换按钮即可进行模式切换。

变焦按钮

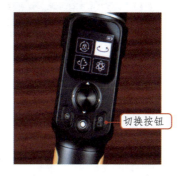

切换按钮

图 5-5 自拍杆上的变焦按钮　　　　　　图 5-6 自拍杆上的拍照/摄像模式切换按钮

小贴士

大部分自拍杆的遥控器上都有一个拍摄（快门）按钮，按一次该按钮可进行拍照或视频拍摄，再按一次即可停止视频拍摄。

2. 自拍杆的常用拍摄手法

使用手机拍摄短视频时，由于受到多方面的限制，能拍摄到的镜头画面比较有限。使用自拍杆进行拍摄，会在一定程度上增加拍摄范围，提升画面的稳定性。下面就介绍使用自拍杆拍摄短视频时的一些常用拍摄手法。

●**拍摄低角度跟镜头**：使用手机拍摄低角度跟镜头非常不方便，因为难以做到长时间放低手机并保持同样的拍摄角度，而使用自拍杆就能很好地解决这个问题。拍摄时，把自拍杆拉到最大长度，手臂下垂，然后一边走路一边拍摄，这样就可以拍出低角度跟镜头。需要注意的是，由于拍摄时的自拍杆垂直向下，因此拍摄的视频中路面会占据较多画面，所以在拍摄前，需要将手机镜头稍微上抬，这样拍摄的视频画面的构图会更合理。

● **拍摄俯视镜头**：拍摄俯视镜头时控制手机很不方便，而使用自拍杆就能轻松拍摄固定镜头俯拍画面。摄像人员只需要双手握紧自拍杆，调整好角度后，让手臂夹紧身体，同时匀速转动腰部，即可俯视拍摄视频画面。

● **拍摄推拉镜头**：使用手机拍摄推拉镜头时，一旦前后出现障碍物，能够移动的距离非常有限。这时就可以使用自拍杆拍摄前后推拉的镜头，利用手作为支撑，前后推动自拍杆，使拍出来的视频画面更有纵深感，如图5-7所示。

图 5-7　使用自拍杆拍摄推拉镜头及拍摄的视频画面

小贴士

　　利用自拍杆也能轻松拍摄一些常见镜头。例如，拍摄移镜头只需要尽量与拍摄对象保持一致的速度并排行走；拍摄摇镜头则可以用扎马步的方式；拍摄升降镜头则可以把自拍杆撑在小腹的位置作为支点，然后上下摆动自拍杆进行拍摄，这些操作比直接手持手机拍摄更方便。

↘（三）固定支架

　　固定支架就是固定手机的设备。固定支架有很多不同的类型，但用于短视频拍摄的主要有自拍杆式固定支架和三脚架式固定支架。

● **自拍杆式固定支架**：这种固定支架也是一种能进行三脚固定的自拍杆，可通过打开自拍杆底部脚架的方式形成固定支架，装上手机后可使用自拍杆的遥控器遥控拍摄短视频，如图5-8所示。这种固定支架比较适合个人拍摄短视频时使用。

● **三脚架式固定支架**：这种固定支架其实就是支持固定手机的三脚架，如图5-9所示，通过更换顶部的支架还可以支持平板电脑、相机

图 5-8　自拍杆式固定支架

和摄像机等设备。多机位三脚架式固定支架能够装备多个设备或手机，除了用于短视频拍摄外，还经常用于多台手机的多机位视频直播，如图5-10所示。

图 5-9　三脚架式固定支架　　　　　　图 5-10　多机位三脚架式固定支架

↘（四）手机云台

使用自拍杆拍摄短视频依然无法彻底解决视频画面"抖动"的问题，而且自拍杆越长抖动越厉害。为了避免这种问题，短视频创作者可以选用稳定性更强、拍摄效果更好的手机云台来拍摄短视频。手机云台是单手稳定器中的一种，把无人机自动稳定协调系统的技术应用到单手稳定器上，实现拍摄过程中的自动稳定平衡。拍摄时，只要把手机固定在手机云台上，无论摄影人员手臂是什么姿势，手机云台都能够随着摄影人员的动作幅度自动调整手机状态，使手机始终保持在稳定平衡的角度上，并拍摄出稳定流畅的视频画面，如图 5-11 所示。

图 5-11　手机云台

1. 手机云台的常用功能

使用手机云台能够拍摄出品质更高的视频画面，很多短视频创作者将其称为"高级自拍杆"。下面就介绍手机云台在短视频拍摄方面相对于自拍杆而言独有的功能。

●增稳防抖：手机云台通过电动机械方式增强手机稳定性，防止拍摄时视频画面抖动，即使拍摄人员处在行走、奔跑等运动状态下，拍摄的视频画面依然非常平稳，没有明显的跳动画面，非常适合旅行类、Vlog类短视频的拍摄。

●旋转模式：手机云台具有旋转模式功能，可以带动手机匀速平稳旋转，从而拍出倾斜或旋转的摇镜头。

● **一键切换横竖屏**：手机云台通常具备一键切换横竖屏的功能，这项功能非常适合在拍摄短视频时使用，如图 5-12 所示。

● **延时摄像**：延时摄像就是指拍摄物体或景物缓慢变化的过程并压缩到一个较短的时间内，呈现出平时用肉眼无法察觉的奇异景象。这种通常需要在剪辑过程中实现的视频效果，可以直接利用手机云台实现。例如，拍摄城市风光、自然风景、天文现象、日常生活、美食制作等短视频时，使用延时摄像功能可以轻松拍摄出精彩的影视画质的短视频。

● **智能跟随**：智能跟随是指在手机屏幕上框选拍摄对象后，手机云台能够自动锁定并跟随移动的框选对象进行拍摄，并利用上下摇摆、左右旋转等动作调整视频画面的构图，保证框选对象始终位于视频画面的中心位置，画面稳定且实时跟踪，相比手持拍摄画面更加流畅。这个功能非常适用于拍摄运动物体，如图 5-13 所示。

图 5-12　一键切换横竖屏　　　　图 5-13　智能跟随拍摄运动物体

● **手势控制**：手势控制是指通过拍摄对象的手势来控制手机开始或停止视频拍摄，以及通过手势切换对应的拍摄模式，对于多人拍摄和单人拍摄都非常实用，能够省去很多操作，大大节省拍摄时间。

● **动态变焦**：动态变焦是指在手机屏幕上框选拍摄对象后，手机云台将自动进行拍摄，在保证拍摄对象清晰的前提下，根据算法自动实现视觉上的画面背景靠近，或画面背景远离拍摄对象的拍摄效果，非常酷炫，如图 5-14 所示。

● **磁吸快拆**：有一些手机云台采用磁吸手机夹来固定手机，然后将其与云台上的磁吸指环扣吸附连接，配合折叠设计，非常便捷地实现吸附、展开、拍摄和拆卸等操作，如图 5-15 所示。

图 5-14　动态变焦　　　　图 5-15　手机云台的磁吸设计

2. 手机云台的常用拍摄手法

使用手机云台拍摄短视频时，可以进行更多的运镜操作和更灵活的构图。

●**跟镜头拍摄**：拍摄时手持手机云台跟随着拍摄对象一起运动，在拍摄对象的背面、正面和侧面进行跟随拍摄，能够带入更多的画面信息，也可以加强人物的第一人称视角感，非常适合拍摄Vlog类和剧情类短视频。

●**低角度拍摄**：将手机云台倒拎贴近地面，从低角度拍摄，传感器会帮助手机云台识别摄影人员的动作，自动旋转手机并调整拍摄姿态，可轻松地记录低视角的视频画面。在拍摄小朋友、小动物或风景类短视频时这种拍摄手法尤为实用，带来全新的视觉体验，如图5-16所示。

●**推拉镜头和摇移升降镜头拍摄**：手机云台自带的左右俯仰摇镜功能，使得手机在推拉镜头和摇移升降镜头的拍摄上更加稳定，并且拍摄人员的运镜操作也更轻松。

图 5-16 手机云台的低角度拍摄

> **小贴士**
>
> 一些主流品牌的手机云台也自带短视频拍摄和剪辑 App，可以直接利用其中自带的模板轻松拍摄和剪辑出画质精美的短视频。

↘（五）外接镜头

外接镜头的功能与相机的镜头类似，安装不同功能的外接镜头，可以弥补手机原生镜头取景范围、对焦距离等方面的不足，辅助手机拍摄出更加清晰和高品质的画面。手机的外接镜头主要有长焦、广角、增距、微距、鱼眼、电影和人像等多种类型，如图 5-17 所示。在拍摄短视频的过程中，手机常用的外接镜头主要有人像镜头、微距镜头和电影镜头。

图 5-17 手机外接镜头

●**人像镜头**：普通手机拍摄的短视频画面通常不容易产生景深效果，拍摄对象和背景的边界容易融合在一起，无法分清主次。而使用人像镜头拍摄的短视频画面则会产生景深效果，使拍摄对象清晰、背景虚化。

● **微距镜头**：微距镜头主要用于拍摄十分细微的物体，如花草树木、昆虫和各种物品等，如图5-18所示。使用微距镜头拍摄的视频画面能够充分展示物体的细节，同时背景虚化效果比较强，且画面清晰度高，质感较好，可带给观众一种影像震撼。在旅行类、时尚类、美食类短视频中都可能会用到微距镜头。

图 5-18　手机外接微距镜头拍摄的画面

● **电影镜头**：电影镜头也被称为变形镜头，是一种可以使宽幅度场面被压缩入标准的画面区域的镜头。通俗地讲，使用手机外接电影镜头就是通过镜头将手机拍摄的视频画面解析形成宽幅电影所需要的画面，给观众带来更宽广的视觉体验，仿佛身临其境。电影镜头非常适合拍摄宽屏画面的短视频。图5-19所示为正常拍摄和外接电影镜头拍摄的画面对比。

图 5-19　正常拍摄和外接电影镜头拍摄的画面对比

任务二　手机拍摄短视频

使用手机拍摄短视频时，除了使用手机自带的视频拍摄功能外，还可以通过下载和安装 App 来进行拍摄。通过这些 App 拍摄短视频更加简单和方便，通常只需按下录制按钮即可拍摄短视频。本任务通过介绍手机拍摄视频的注意事项和常用的 App，帮助大家了解和学习手机拍摄短视频的基础知识。

↘（一）手机拍摄短视频注意事项

手机拍摄短视频在运镜、构图、补光拍摄手法等方面与相机没有太大的区别，但毕竟视频拍摄只是手机的一项重要功能，所以，为了保证短视频拍摄的顺利进行以及拍摄到较高质量的视频画面，需要了解以下 6 点注意事项。

● **保证足够的存储空间**：拍摄清晰度较高的短视频通常需要较大的存储空间，即便现在手机的存储空间已经很大，也可能会因为拍摄的短视频素材太多造成存储空间不足，进而导致拍摄的短视频无法存储。所以，使用手机拍摄前首先要检查手机的存储空间，如果空间不足就需要清理内存，或者安装存储卡及其他外置存储设备。

● **保证充足的电量**：使用手机拍摄短视频是一项非常耗电的操作，所以在拍摄前应该保证手机有足够的电量支持。除了提前充满电外，还可以配备充电宝等外部电源，保证拍摄工作的正常进行。

● **根据发布平台的不同调整拍摄方向**：手机拍摄主要有横屏和竖屏两种，横屏尺寸比例通常是16∶9或16∶10，竖屏尺寸比例则是9∶16或10∶16。如果需要将短视频发布在腾讯视频、爱奇艺或哔哩哔哩等长视频平台，则最好选择这些平台默认的横屏视频，竖屏视频在这些平台播放时屏幕两侧没有图像，将影响观众的视觉体验，如图5-20所示。

● **将屏幕亮度值调整到最大**：如果拍摄时环境光线太强，而手机屏幕的亮度较低，将无法看清楚屏幕中的拍摄画面，所以，将手机屏幕的亮度值调整到最大会有助于拍摄时看清楚所有的画面细节，让拍摄的画面更加真实，如图5-21所示。

图 5-20　爱奇艺平台播放的竖屏短视频　　　　图 5-21　调整屏幕亮度到最大

● **保证不受外部干扰**：外部干扰是指手机的通信功能等影响拍摄工作，如电话来电或弹出消息通知会影响对拍摄画面的实时监控，而且消息提示音可能会被录入从而影响正常的拍摄录音，甚至电话来电也会导致拍摄自动停止等。所以，使用手机拍摄前可以将手机设置为飞行模式，以防止影响拍摄工作的正常进行。

●**擦拭镜头**：在使用手机的过程中，手指表面的油脂可能会残留在镜头上，从而导致手机拍摄出来的画面模糊不清，整体视觉体验差，这就需要在拍摄前使用擦镜纸擦拭镜头。

↘（二） 手机拍摄短视频 App

手机拍摄短视频 App 是指以视频拍摄为主要功能的 App，包括以下 6 种类型。

1. 专业视频拍摄App

专业视频拍摄 App 只有一个功能，就是拍摄各种视频，比较常见的有 Pr 专业摄像机、FiLMic 专业版和 ZY PLAY 等。这种类型 App 支持手动调整曝光、对焦、快门速度、感光度和白平衡等与相机拍摄类似的辅助参数，非常适合专业的短视频团队使用。图 5-22 所示为 Pr 专业摄像机的视频拍摄界面，除了快门、感光度、白平衡、对焦、变焦和曝光等基础参数外，还有一些能够提高拍摄视频画面质量的参数和辅助功能。下面就以 Pr 专业摄像机为例介绍专业视频拍摄 App 拍摄短视频时比较实用的功能。

图 5-22　Pr 专业摄像机的视频拍摄界面

●**防抖动**：Pr专业摄像机的防抖功能类似于相机的防抖功能，但比较普通，无法达到相机的防抖水平。

●**视频格式设置**：Pr专业摄像机可设置多种参数，包括画面宽高比、分辨率、帧率和画质等，如图5-23所示。

●**横竖屏变换**：横竖屏变换是指将拍摄的视频画面从横屏变为竖屏，或者从竖屏变为横屏，从而拍摄出不同比例的视频画面。

●**其他设置**：Pr专业摄像机中还可以设置分段拍摄、倒计时、镜头转换、叠加视图、页面变换等功能，如图5-24所示。例如，倒计时就有"3s"和"10s"两种类型，如图5-25所示。

小贴士

需要注意的是，由于镜头性能和摄像元件的不同，不同型号手机的视频格式通常不同。所以，在拍摄短视频前需要尽量调整好视频格式的参数，以便拍摄出尽可能清晰的画面。

图 5-23 视频格式设置

图 5-24 其他设置

图 5-25 倒计时

小贴士

1080p 是指视频的分辨率为 1920 像素 ×1080 像素，30 帧率指视频以每秒 30 帧的速度播放。

2. 手机自带的相机

手机自带的相机其实也是一种 App，其主要功能是拍照和拍摄视频，用户能够调节和设置的功能项目不多，通常只有对焦与曝光、视频格式。

●**对焦与曝光**：使用手机自带的相机拍摄短视频时最重要的是可以设置自动曝光锁定，这样手机在拍摄中就不会频繁改变对焦点和曝光度。通常在拍摄时，在手机屏幕中单击某区域即可对该区域对焦，并在旁边显示曝光标记，上下拖动该标记即可调整曝光度，如图5-26所示。

●**视频格式**：手机自带相机的视频格式通常包含视频分辨率、视频帧率、高效视频格式等参数，如图5-27所示。

3. 相机App

相机 App 包括轻颜、美颜相机和一甜相机等，图 5-28 所示为轻颜的操作界面。相机 App 通常自带了很多效果，在拍摄短视频前可以设置好需要的风格、美颜和滤镜，甚至背景音乐，拍摄完成后可以直接保存并发布到网上。这类 App 拍摄短视频最大的优势就在于操作简单、方便，效果美观，非常适合短视频新手或拍摄无剧情且内容简短的短视频，如美食类、旅行类和 Vlog 类短视频。

147

图 5-26　对焦与曝光　　　　　图 5-27　视频格式

图 5-28　轻颜操作界面

4. 短视频App

　　短视频 App 也能实现一些简单的短视频拍摄操作，短视频 App 其拍摄功能与相机 App 基本相同，不同之处在于其具备一定的短视频剪辑功能，并能直接发布到对应的短视频平台中。抖音、快手和微视都是这类 App 的代表，下面就以抖音为例，介绍这类 App 拍摄短视频的特点。

　　●调整快慢速：抖音有一个快慢速功能，分为"极慢""慢""标准""快""极快"5个档次，选择"极慢"和"慢"拍摄的视频画面将呈现慢动作，选择"快"和"极快"拍摄的视频画面将呈现快动作。当需要在视频中呈现快动作或慢动作画面时，不需要通过剪辑，只需要使用该功能就能实现，非常便捷。例如，选择"极快"拍摄夜晚车流，很容易拍摄出车水马龙的延时大片效果，如图5-29所示。

图 5-29　选择"极快"拍摄的夜晚车流

● **AI创作：** AI创作功能可以直接使用目标视频的背景音乐和各种特效、滤镜，拍摄与目标视频内容基本相同的短视频，其方法是在抖音拍摄界面中点击"AI创作"选项卡，在打开的界面中选择一个短视频，然后点击"拍同款"按钮，在打开的界面中点击"拍摄"按钮，进入视频拍摄界面拍摄，如图5-30所示。

● **合拍：** 合拍是利用上下或左右分屏的方式拍摄与目标视频内容相同的视频，其方法是点击目标视频右侧的"分享"按钮，在弹出的工具栏中点击"合拍"按钮，进入合拍视频界面拍摄，如图5-31所示。

图 5-30　AI 创作拍摄　　　　　　　　　图 5-31　合拍

● **分段拍：** 分段拍功能可以在拍摄了一段视频后暂停，更换场景或主角后再继续拍摄下一段视频，然后自动将多段视频组合成一个完整的视频。例如，网上比较流行的"卡点换装"短视频，就可以通过分段拍功能实现，不需要再进行后期剪辑。分段拍时可以先固定好手机并设置好构图，然后拍摄几秒主角后暂停，待主角换上另外一套服装并摆出与拍摄暂停前同样的姿势时重复前面的"拍摄—暂停"步骤，直到整个换装流程完成。

●**挑战**：挑战也是抖音中常见的一种拍摄方式，其方法是在抖音界面搜索"抖音挑战"，点击"热门挑战"按钮，在打开的界面中选择一种挑战，点击"加入挑战"按钮，在打开的界面中点击"加入挑战"按钮，如图5-32所示，进入视频拍摄界面拍摄。

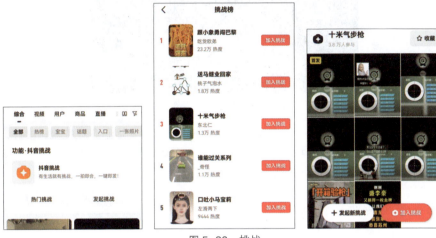

图 5-32　挑战

5. 图像处理App

图像处理 App 的主要功能是对拍摄的照片、视频进行编辑和美化，其本质是一种具备短视频拍摄功能的剪辑处理 App，其视频拍摄和剪辑功能与视频剪辑 App 基本相同，典型代表是美图秀秀，如图5-33 所示。

图 5-33　美图秀秀拍摄短视频

6. 视频剪辑App

视频剪辑 App 的主要功能是编辑视频素材，将其整理和美化成一条完整的短视频。这类 App 同样具备图片和视频拍摄功能，拍摄的图片和视频可直接进行后期处理并发布到短视频平台中。常见的视频剪辑 App 包括剪映、快影、秒剪和花瓣剪辑等，其中，有些 App 没有视频拍摄功能，图 5-34 所示分别为剪映和快影的视频拍摄界面。

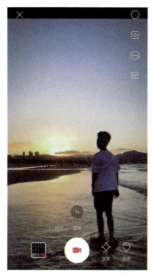

图 5-34　剪映（左）和快影（右）的视频拍摄界面

小贴士

使用手机创作短视频的过程中，手机自带的相机和专业视频拍摄 App 比较适合拍摄剧情类或时长较长的视频，拍摄之后再利用剪映、秒剪等视频剪辑 App 或 Premiere 等专业视频剪辑软件进行后期制作；其他带摄像功能的 App 则适合拍摄跟拍、随拍等形式的短视频，在拍摄前后直接应用 App 自带的特效进行简单剪辑后即可发布到短视频平台中。

任务三　手机剪辑短视频

与在计算机中进行剪辑操作相比，手机剪辑短视频更加方便和快捷，操作也更加智能化，可更方便地应用各种特效模板。但手机剪辑也有缺点，如容易被这些固定的模式所束缚，无法自由发挥，也无法完成一些精准的剪辑操作。本任务将介绍常见的手机短视频剪辑 App、手机剪辑短视频的思路和一些手机剪辑短视频的拓展操作，帮助大家学习使用剪映 App 剪辑短视频的方法。

（一）手机短视频剪辑 App

在手机中对拍摄的视频素材进行后期制作也可以通过短视频剪辑 App 实现，下面就分别介绍 3 款常用的手机短视频剪辑 App。

1. 剪映

剪映是一款全能的短视频剪辑App，具备视频拍摄和剪辑功能，自带了多种视频特效和模板，能够轻松完成手机拍摄、剪辑和发布短视频等相关操作。剪映集合了同类App的很多优点，包括模板众多且更新迅速，音乐音效丰富，支持提取视频的背景音乐，支持高光、锐化、亮度、对比度和饱和度等多种参数调节，具备美颜、滤镜和贴纸等辅助特效功能，支持添加和自动识别字幕及关闭水印等。表5-1所示为剪映的常用功能。

表5-1 剪映常用功能

模板	特效	转场	贴纸	滤镜	音频
分为互动引导、片头片尾、卡点、情绪、风格大片、带货、旅行、Vlog、美食等数十种类型	分为画面特效、人物特效、图片玩法和AI特效4个大类，每类又分为数个小类	分为叠化、幻灯片、运镜、模糊、光效、扭曲、分割、自然、MG动画等数十种类型	分为表情、体育、毕业、种草、互动、可爱、浪漫、爱心、运动、情绪、科技、复古等20多种类型	分为风景、人像、美食、相机模拟、夜景、风格化、复古胶片、冬日、基础、户外等数十种类型	分为音乐、AI音乐、音效等多个大类，每类又分为数个小类

2. 秒剪

秒剪是微信官方出品的短视频剪辑App，可通过简单的操作实现剪辑和发布短视频，如图5-35所示。秒剪具有多种短视频创作模式，包括快闪卡点、电影感短片、配文视频和文字视频等，只需要将拍摄的视频素材导入，秒剪就能剪辑出风格各异、类型不同的短视频。表5-2所示为秒剪的常用功能。

图5-35 秒剪

表5-2　秒剪的常用功能

模板	特效	转场	文字贴图	滤镜	音乐
分为编辑精选、夏天、电影感、风格大片、日常、美食、自拍、旅行、生日等数十种类型	分为基础、氛围、情绪、动感和分屏5个大类，每类又分为数个小类	有前后对比、纸飞机、涂鸦放大、相机快门、手机后台、眨眼等多个转场	有花字、贴图和画中画3个大类，每类又分为数个小类	有日常、鲜艳、人像、电影、梦幻、文艺、复古、明亮、柔和等数十种类型	有秒剪原创卡点、情感原声、慵懒格调、温柔声线、经典电影配乐等20多种类型

3. 花瓣剪辑

花瓣剪辑是华为官方手机短视频剪辑App，其很多功能与剪映类似。花瓣剪辑应用了华为的AI技术，为用户提供了强大的视频剪辑功能，以及海量的特效、贴纸、音乐等素材。华为手机用户可以通过华为图库直接选择视频一键进入App中进行短视频编辑，另外，用户不仅能通过其自带的视频模板快速制作短视频，还能通过专门的"教程"板块学习制作短视频，如图5-36所示。表5-3所示为花瓣剪辑的常用功能。

图5-36　花瓣剪辑

小贴士

短视频剪辑App较多，其他常用的还有Meitu Wink、必剪、快剪辑、NodeVideo、趣夜、DJI Mimo（大疆手机云台自带短视频剪辑工具）、剪影、爱剪辑和魔隐工坊等。

表5-3　花瓣剪辑的常用功能

模板	特效	转场	贴纸	滤镜	音频
分为热门、亲子、相册、自拍、企业宣传、生活、校园、旅行、美食、运动等数十种类型	分为文艺青年、唯美粒子、自然、氛围、主题、笔刷、水墨、能量爆发、LED 等多种类型	有运镜、经典、立体、故障、形状、擦除、翻页等类型	分为上新、美食、典雅婚礼、穿搭美妆、复古、节气、旅行、蓝色涂鸦、小贴士、国风、毕业季等多种类型	有风景、人像、美食和风格4 个大类，每类又分为数个小类	分为音乐和音效等多个大类，每类又分为数个小类，其中，音乐由华为音乐提供

↘（二）手机剪辑短视频的思路

在剪辑短视频时，短视频创作者多会从众多视频素材中进行选择，并明确剪辑的目标，这就需要有剪辑的思路。短视频的类型不同，剪辑思路也会存在差别，下面就介绍比较常见的旅行类、Vlog 类和剧情类短视频的剪辑思路。

1. 旅游类短视频的剪辑思路

旅行类短视频的素材通常具有不确定性的特点，除了短视频脚本中规定的镜头内容外，还会拍摄很多不在计划之内的素材内容。而且，除了脚本规定的拍摄路线和拍摄对象外，绝大多数视频素材是在旅行过程中即兴拍摄而获得的。所以，旅行类短视频的剪辑思路通常比较开放，主要有排比、逻辑和相似 3 种剪辑思路。

● **排比**：排比的剪辑思路是指在剪辑视频素材时，利用匹配剪辑的手法，将多组不同场景、相同角度、相同行为的镜头进行组合，并按照一定的顺序进行组合和排列，剪辑出具有跳跃感的短视频，如图5-37所示。

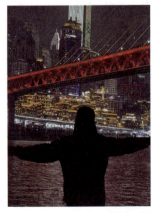

图 5-37　用排比剪辑思路剪辑的旅行类短视频画面

● **逻辑**：逻辑的剪辑思路是指利用两个事物之间的动作衔接匹配，将两个视频素材组合在一起。例如，主角在家打开门，然后出门就走入一个景点；或者主角在前一个画面中跳起来，在下一个画面中就跳入了新的旅游地。

● **相似**：相似的剪辑思路是指利用不同场景、不同物体的相似形状或相似颜色，将多组不同的视频素材进行组合。例如，天上的飞机和鸟，摩天轮和转经筒，瀑布和传水车等。图5-38所示的短视频画面先剪辑了小狗顺着湖边小路走向雪山的全景画面，后面接着展示小狗走过小水池的全景画面，画面中的雪山更近了，表示已经走了一段路程。

图 5-38　用相似剪辑思路剪辑的旅行类短视频画面

2. Vlog类短视频的剪辑思路

Vlog 类短视频通常以第一人称视角记录短视频创作者生活中所发生的事情，主要以事件发展顺序为线索。通常拍摄时间比较长，一般在几个小时甚至十几个小时，内容主要是整个事件的经过，以及旁白形式的展开讲解。这种短视频的素材通常比较多，剪辑时需要做大量的"减法"，即在视频素材的基础上尽量删除没有意义的片段，只保留能够展示故事核心线索的片段。

3. 剧情类短视频的剪辑思路

剧情类短视频通常会按照短视频脚本的设计进行拍摄，视频素材由大量单个镜头组成，剪辑难度相对较大。剧情类短视频通常有传统和创造性两种剪辑思路。

（1）传统剪辑思路

在传统剪辑思路中，剪辑时一般遵循开端、发展、高潮和结局的内容架构，并在此基础上加入中心思想、主题风格、剪辑创意等元素。这些元素确定了短视频的基本风格，剪辑人员可根据这个风格挑选合适的音乐，并确定短视频的大概时长，从而完成剪辑工作。

（2）创造性剪辑思路

创造性剪辑思路是在传统剪辑思路的基础上发展而来的，能够在一定程度上提升短视频的艺术效果，主要包括戏剧性效果剪辑思路、表现性效果剪辑思路和节奏性效果剪辑思路3种类型。

● **戏剧性效果剪辑思路**：戏剧性效果剪辑思路是指在剪辑过程中，通过调整关键性镜头出现的时机和顺序来选择最佳剪辑点，使每一个镜头都在剧情展开的恰当时间出现，让剧情更具逻辑性和戏剧性，从而提高整条短视频的观赏性。例如，很多剧情类短视频通过反转来凸显剧情的戏剧性，这就需要找到反转的最佳剪辑点，制造出其不意的效果，从而直接给予观众观看的愉悦感。

● **表现性效果剪辑思路**：表现性效果剪辑思路则是在保证剧情叙事连贯流畅的基

础上，大胆简化情节，将一些类似的镜头并列，突出某种情绪或意念，达到揭示内在含义、渲染气氛的效果，从而让剧情一步到位，直击观众内心，更具有震撼性。例如，在很多剧情类短视频中，为了表现某种意外情况的震撼性，通常会将现场不同人物的表情并列呈现，以渲染剧情氛围，影响观众情绪。

●**节奏性效果剪辑思路**：节奏性效果剪辑思路就是利用长短镜头交替和画面转换快慢的结合，在剪辑上控制画面展现时间，掌握转换节奏，控制观众的情绪起伏，从而达到预期的艺术效果。例如，剪辑快速转换的视频画面以提升观众的急迫感和紧张感，剪辑时间长且转换较慢的视频画面以使观众产生迟缓或压抑的感觉。

4. 手机剪辑短视频的注意事项

手机剪辑短视频主要是在短视频剪辑App中进行，在剪辑时，需要注意以下8点。

● 多个视频素材组合成一条短视频时，裁剪掉素材中多余的开始和结束片段。

● 灵活设置视频变速，特别是慢速，以增加短视频的艺术效果。

● 必要时可设置短视频的画面比例和背景，为不同比例的视频画面增加背景，以提升观众的观看体验，并让短视频更符合平台对画面比例的效果要求，如图5-39所示。

图5-39　为短视频设置9∶16的画面比例并添加不同背景的效果

● 灵活插入照片，并使用贴纸、转场、特效和滤镜等来提升短视频的视觉表现力。

● 灵活使用短视频剪辑App自带的滤镜大片功能，并对短视频进行调色。

● 剪辑时注意字幕位置，不要被遮挡。

● 直接从热门短视频中选择合适的背景音乐作为剪辑素材可以提高剪辑效率。

● 向手机传输其他器材拍摄的视频素材时，应该选择正确的传输方式，避免出现因传输方式造成的画质下降问题。

↘ （三）　手机剪辑短视频的进阶功能

手机剪辑短视频的操作非常智能化，更适合大多数短视频创作者。下面就以剪映为例，介绍手机剪辑短视频的一些常用的进阶功能。

1. 画中画

画中画是指在视频画面中添加另一个视频画面，其功能非常强大，能够制作出很多有创意的视频画面，如盗梦空间画面和九宫格视频等。

【例 5-1】利用画中画功能剪辑短视频。

下面就利用剪映中的画中画功能剪辑一条盗梦空间画面的短视频，具体操作步骤如下。

利用画中画功能剪辑短视频

① 在手机中点击剪映的图标，打开剪映主界面，点击"开始创作"按钮，打开素材选择界面，点击选择视频素材（配套资源：\ 素材文件 \ 项目五 \ 盗梦空间 .mp4），点击"添加"按钮，进入视频编辑主界面。

② 在编辑窗格的视频轨道上点击添加的素材，在下面的工具栏中点击"编辑"按钮，展开"编辑"工具栏，点击"调整大小"按钮，打开"调整大小"界面，拖动画面四周的控制按钮调整画面的大小，如图 5-40 所示，最后点击"确定"按钮✓，返回视频编辑主界面。

③ 在视频画面窗格中向下移动裁剪好的视频，使其占据视频画面的下半部分，空出上半部分，如图 5-41 所示，然后在"剪辑"工具栏中点击两次"返回"按钮█，返回主界面的工具栏，点击"画中画"按钮，展开"画中画"工具栏，点击"新增画中画"按钮，再次选择刚才导入的同一个视频素材，将其添加到视频轨道中。

④ 放大添加的视频素材，使其与原有的视频画面保持同样大小，继续点击"编辑"按钮，在下面的"画中画"工具栏中点击两次"旋转"按钮，再点击"镜像"按钮，使视频画面与原有的画面呈现水中倒影的状态，点击"调整大小"按钮，将其裁剪至与原有画面差不多的大小，并将其放置到视频画面窗格的上面空余位置，如图 5-42 所示。

⑤ 点击两次"返回"按钮█，返回主界面的工具栏，点击"贴纸"按钮，展开贴纸窗格，在其中选择一种贴纸，这里在搜索文本框中搜索"人类观察日记"样式的贴纸，然后点击该贴纸将其添加到视频画面中，接着在视频画面窗格中调整该贴纸的大小，如图 5-43 所示，完成后点击搜索文本框右侧的"取消"按钮，并点击"确定"按钮✓。在编辑窗格的贴纸轨道中点击贴纸，拖动改变其时长，使之与视频轨道中的视频素材时长相同。

⑥ 点击两次"返回"按钮█，返回主界面的工具栏，点击"音频"按钮，展开"音频"工具栏，点击"音乐"按钮，打开"添加音乐"界面，在其中选择一首背景音乐，这里选择"悬疑"类别中的"逆转时空"选项，单击右侧的"使用"按钮，将背景音乐添加到音频轨道中，然后将时间线定位到视频画面最后，点击添加的音频，在下面的音频编辑工具栏中点击"分割"按钮，如图 5-44 所示，然后点击分割后多余的音频，在下面的音频编辑工具栏中点击"删除"按钮，将其删除。

⑦ 在编辑窗格的视频轨道右侧点击"添加"按钮⊞，添加制作好的片尾素材（配套资源：\ 素材文件 \ 项目五 \ 片尾 .mp4）。

⑧ 返回操作界面，在工具栏中点击"滤镜"按钮，展开滤镜窗格，在其中选择一种

滤镜，这里选择"影视级"选项卡中的"青橙"选项，如图 5-45 所示，点击"确定"按钮✓，为当前视频画面应用"青橙"滤镜，滤镜自动匹配视频素材时间。

图 5-40　调整画面大小

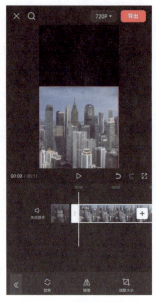

图 5-41　调整画面位置

图 5-42　新增画中画

图 5-43　添加贴纸

图 5-44　裁剪音频

图 5-45　应用滤镜

⑨ 预览短视频效果，然后点击右上角的"导出"按钮，将短视频导出到手机相册中，完成整条短视频的剪辑（配套资源：\ 效果文件 \ 项目五 \ 盗梦空间 .mp4）。

2. 变速

变速是短视频剪辑中很常用的功能，大多是在某个时间点将视频画面突然放慢或加速，从而让短视频更有节奏感，也能起到强调和提升视觉效果的作用。

【例5-2】利用变速功能制作旅行类短视频。

下面就利用剪映的变速功能制作旅行类短视频，并添加一些特效、滤镜和背景来增强短视频的视觉效果，具体操作步骤如下。

利用变速功能制作旅行类短视频

① 在手机中点击剪映的图标，打开剪映主界面，点击"开始创作"按钮，打开素材选择界面，点击选择视频素材（配套资源：\素材文件\项目五\变速.mp4），点击"添加"按钮。

② 首先使用"调整大小"功能将视频画面中上下黑色部分裁剪掉，然后在主界面下面的工具栏中点击"背景"按钮，展开"背景"工具栏，点击"画布模糊"按钮，打开"画布模糊"工具栏，在其中选择一种背景模糊的样式，这里选择左侧第二种样式，点击"确定"按钮✓，如图5-46所示。

> **小贴士**
>
> 在剪映中设置背景时，画布模糊功能可以在填补视频画面空白区域的同时，让视频画面产生景深效果，非常实用。

③ 将时间线定位到"00:01"左右的位置，在编辑窗格的视频轨道中点击视频素材，在下面的"剪辑"工具栏中点击"分割"按钮，将视频素材分割成两个部分。

④ 点击选择分割后右侧的视频素材，在下面的"剪辑"工具栏中点击"变速"按钮，展开"变速"工具栏，点击"常规变速"按钮，打开"变速"窗格，拖动滑块设置视频播放速度，本例中设置为"0.3x"左右，点击"确定"按钮✓，如图5-47所示。

⑤ 在编辑窗格的空白处点击，返回剪辑主界面，在视频轨道中分隔开的两个视频素材之间点击"转场"按钮Ⅰ，打开"转场"窗格，在两个视频之间设置转场特效，这里在"热门"选项卡中选择"闪白"选项，然后拖动"转场时长"滑块，将其设置为"0.2s"，点击"确定"按钮✓，如图5-48所示。

⑥ 返回主界面的工具栏，点击"调节"按钮，展开"调节"工具栏，点击"亮度"按钮，向右拖动下面的滑块，提高视频画面的亮度，然后用同样的方法调整视频画面的对比度、饱和度、光感和锐化，使得视频画面的色彩更加鲜明，然后点击"确定"按钮✓，如图5-49所示。

⑦ 此时编辑窗格的视频轨道下自动添加了一个"调节1"设置条，其长度自动设置为与全部视频素材长度相同，将为所有视频画面应用同样的色彩调节效果。

⑧ 返回主界面的工具栏，点击"特效"按钮，打开"特效"工具栏，点击"画面特效"按钮，为视频画面应用一种特效，这里选择"自然"选项卡中的"晴天光线"选项，然后点击"确定"按钮✓。接下来调整"晴天光线"特效的开始和结束位置，与第2段视频素材相同，如图5-50所示。

图 5-46　画布模糊

图 5-47　变速

图 5-48　添加转场

⑨ 为视频添加背景音乐"《蓝》-引用版"，并通过分割裁剪，删除多余的音乐，只保留音乐的高潮部分，时长只比整个视频多"00:01"左右，然后在音频轨道中点击该音乐素材，在下面的工具栏中点击"淡入淡出"按钮，打开"淡入淡出"窗格，拖动"淡出时长"的滑块，将其调整为"0.2s"左右，单击"确定"按钮✓，如图 5-51 所示。

图 5-49　调色

图 5-50　添加特效

图 5-51　设置背景音乐

⑩ 最后为整条短视频添加一个制作好的片尾素材（配套资源：\ 素材文件 \ 项目五 \ 片尾 .mp4），检查视频无误后将其导出，完成整条短视频的制作（配套资源：\ 效果文件 \ 项目五 \ 变速 .mp4）。

3. 蒙版

　　蒙版也是短视频剪辑中很常用的功能，可以通过隐藏或显示视频画面来制作一些酷炫的视频特效，如酷炫影片开头等。

【例 5-3】利用蒙版功能制作片头短视频。

　　下面就用剪映的蒙版功能制作片头短视频，具体操作步骤如下。

　　① 在手机中点击剪映的图标，打开剪映主界面，点击"开始创作"按钮，导入视频素材（配套资源：\ 素材文件 \ 项目五 \ 片头 .mp4）。

利用蒙版功能制作片头短视频

　　② 在工具栏中点击"画中画"按钮，将素材图片（配套资源：\ 素材文件 \ 项目五 \ 黑屏 .jpg）导入剪映中，调整该图片的大小与视频画面相同，然后将这张黑色图片向上拖出视频画面，在编辑窗格上方的右侧点击"添加关键帧"按钮◇，为该图片添加一个关键帧，如图 5-52 所示。

　　③ 用同样的方法再次导入该黑色图片，调整大小后将其向下拖出视频画面，并添加一个关键帧。然后，把时间线向后拖动到片头文字出现的位置，将黑色图片向上拖入视频页面，放置在视频画面的下部。在编辑窗格中选择上一张添加的黑色图片，将其向下拖入视频页面，放置在视频画面的上部，如图 5-53 所示。

　　④ 将时间线移动到黑色图片最后，在下面的工具栏中点击"不透明度"按钮，打开"不透明度"窗格，拖动滑块到最左侧，点击"确定"按钮☑，如图 5-54 所示，用同样的方法设置另外一张黑色图片的不透明度，同样将滑块拖动到最左侧。

　　⑤ 将时间线定位到片头文字出现的关键帧位置，继续新增画中画，导入片头文本图片（配套资源：\ 素材文件 \ 项目五 \ 名称 .jpg），调整该图片的大小与视频画面相同，然后将这张文本图片向上拖动，使图中的文字部分处在上方黑色图片的中间位置。

　　⑥ 在下面的工具栏中点击"蒙版"按钮，打开"蒙版"窗格，在其中点击"线性"按钮，为图片设置线性蒙版。画面中将显示线性蒙版的指导线，向下拖动指导线，将图片中的文字全部显示出来，并使蒙版和黑色图片位置对齐，点击"确定"按钮☑，如图 5-55 所示。

　　⑦ 在下面的工具栏中点击"混合模式"按钮，打开"混合模式"窗格，点击"变暗"

按钮，为蒙版应用混合模式，点击"确定"按钮✅，如图 5-56 所示，并将该蒙版条向右拉动到视频素材结尾处。

图 5-52 添加画中画和关键帧

图 5-53 调整图片位置

图 5-54 设置不透明度

⑧ 用同样的方法继续新增画中画，再次导入黑色图片，调整该图片的大小与视频画面相同，并为该图片设置线性蒙版，手动将图片旋转 180°，然后向下拖动指导线，使蒙版和下方黑色图片位置对齐，点击"确定"按钮✅，如图 5-57 所示。

图 5-55 添加蒙版

图 5-56 应用混合模式

图 5-57 旋转蒙版

⑨ 为该图片应用"变暗"的混合模式，同样将该蒙版条向右拉动到视频素材结尾处。添加背景音乐"飞鸟和蝉（剪辑版）"，剪切其时长为"00:13"左右，并设置其"淡出时长"为"0.2s"。

⑩ 最后，添加一个制作好的片尾素材（配套资源：\素材文件\项目五\片尾.mp4），检查视频无误后将其导出，完成整条短视频的制作（配套资源：\效果文件\项目五\蒙版.mp4）。

4. 踩点

踩点主要是指短视频的画面与背景音乐的节奏相匹配，并根据该节奏进行变换。常利用踩点功能制作旅行类、美食类、时尚类短视频。

【例5-4】利用踩点功能制作旅行类短视频。

在剪映中，踩点功能也被称为节拍/卡点功能。下面就利用剪映的踩点功能，制作一条旅行类短视频，具体操作步骤如下。

利用踩点功能
制作旅行类短
视频

① 在手机中点击剪映的图标，打开剪映主界面，点击"开始创作"按钮，导入视频素材（配套资源：\素材文件\项目五\踩点.mp4）。

② 在工具栏中点击"音频"按钮，然后为视频插入背景音乐"ChakYoun9-Keep Going-继续前行"，然后裁剪该音频素材，保留"00:24"左右的时长。

③ 选择裁剪好的音频素材，在工具栏中点击"节拍"按钮，打开"踩点"窗格，向右滑动"自动踩点"滑块，在弹出的对话框中点击"添加踩点"按钮，此时编辑窗格的音频轨道中将自动出现多个黄色圆点，该圆点就是自动踩点的标记。先将时间线定位到第一个圆点处，点击下面的"－删除点"按钮，将该踩点删除，用同样的方法删除音频素材前"00:09"时长中的所有踩点，然后从"00:10"开始，将后面每隔"00:02"的踩点删除，只保留8个踩点，完成后点击"确定"按钮，如图5-58所示。

> **小贴士**
>
> 除了自动踩点功能外，剪映也能手动设置踩点，只需在"踩点"窗格中将时间线定位到踩点位置，点击"＋添加点"按钮即可添加踩点标记。

④ 将时间线定位到第一个黄色圆点处，在编辑窗格中选择视频素材，将其进行分割，并删除右侧多余的视频，然后点击"添加"按钮⊞，导入第1个踩点视频素材（配套资源：\素材文件\项目五\黄土地.mp4），将时间线定位到第2个黄色圆点处，分割添加的"黄土地.mp4"视频素材，并删除右侧多余的视频，如图5-59所示。

⑤ 用同样的方法为其他踩点添加踩点视频素材，并删除多余的片段，第2个踩点视频素材为"城市.mp4"，第3个踩点视频素材为"深林.mp4"，第4个踩点视频素材为"池水.mp4"，第5个踩点视频素材为"摩天轮.mp4"，第6个踩点视频素材为"冰瀑.mp4"，第7个踩点视频素材为"落日.mp4"，第8个踩点视频素材为"星空.mp4"。

> **小贴士**
>
> 踩点一般都是音乐节奏较强的地方，在音频轨道中通常都是具有较高波峰和较低波谷的位置，也就是说，可以直接通过查看音频波动来添加踩点。

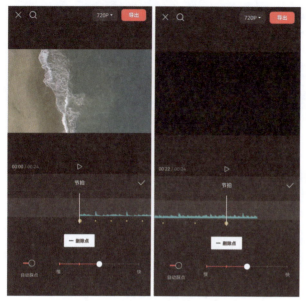

图 5-58　添加和删除踩点　　　　　　　图 5-59　添加并编辑踩点
　　　　　　　　　　　　　　　　　　　　　　　　视频素材

　　⑥选择分割后的"黄土地 .mp4"素材，在工具栏中点击"动画"按钮，展开"动画"工具栏，继续点击"组合"选项卡，在下面的窗格中选择"旋转降落"选项，为其添加踩点动画，点击"确定"按钮☑，如图 5-60 所示。用同样的方法为其他几个分割后的视频素材依次添加动画效果，其中，"城市 .mp4"素材动画效果为"旋转缩小"，"深林 .mp4"素材动画效果为"四格转动"，"池水 .mp4"素材动画效果为"晃动旋出"，"摩天轮 .mp4"素材动画效果为"形变左缩"，"冰瀑 .mp4"素材动画效果为"抖入放大"，"落日 .mp4"素材动画效果为"旋入晃动"，"星空 .mp4"素材动画效果为"哈哈镜"。

　　⑦在编辑窗格中选择"踩点 .mp4"视频素材，为其添加"基础"选项卡中的"开幕"特效，并设置特效时长从视频开始到"00:06"左右。将时间线定位到"00:02"左右的位置，也就是短视频标题文本出现的位置，返回操作界面的工具栏中，点击"文本"按钮，展开"文本"工具栏，继续点击"新建文本"按钮，在界面文本框中输入"一个人的旅行"，然后在视频画面中调整文本大小，然后点击"确定"按钮☑。

　　⑧在工具栏中点击"编辑"按钮，打开"字体"选项卡，点击"新青年体"按钮，为文本设置字体，然后单击"样式"选项卡，向左拖动下面的"透明度"滑块到"70%"，降低文本的透明度，如图 5-61 所示。接着点击"阴影"选项卡，并在下面点击黑色的颜色块，设置文本阴影的透明度为"30%"，点击"确定"按钮☑。

　　⑨增加文本素材的时长，使其与"踩点 .mp4"视频素材同时结束，然后在工具栏中点击"动画"按钮，打开"动画"窗格，在"入场"选项卡中选择"开幕"选项，为文本素材设置开幕动画，并在下面的时间控制条中将控制点拖动到"3.0s"处。点击"出场"选项卡，选择"渐隐"选项，并在下面的时间控制条中将控制点拖动到入场动画结束的位置"2.0s"处，单击"确定"按钮☑，如图 5-62 所示。

图 5-60　设置踩点动画　　　图 5-61　设置文本样式　　　图 5-62　设置文本动画

⑩ 为视频添加一个制作好的片尾素材（配套资源：\ 素材文件 \ 项目五 \ 片尾 .mp4），检查视频无误后将其导出，完成整条短视频的制作（配套资源：\ 效果文件 \ 项目五 \ 踩点 .mp4）。

课后实训——手机拍摄和剪辑短视频《英雄》

【实训目标】

运用前面和本项目所学的知识，拍摄和剪辑一个剧情类短视频《英雄》。

【实训思路】

手机拍摄和剪辑短视频的相关操作步骤包括创建短视频团队、撰写短视频脚本、准备拍摄器材、设置场景和准备道具、现场布光、设置拍摄参数、拍摄视频素材、导入和裁剪视频素材、调色、添加特效视频和背景音乐、添加字幕、制作封面和片尾。

【实训操作】

（一）创建短视频团队

拍摄该短视频可以组建一个由导演、主角、配角、摄像和剪辑等成员组成的团队。团队中大部分成员的分工已经明确，而主角和配角的角色分工如下。

● **主角：** 主角是短视频内容的主要演员，该短视频中有主角 2 名，一位讲述英雄故事的男孩和一位提问的老师。

●**配角：**配角是短视频内容的次要演员，该短视频中的配角是其他学生，有7~8人。

↘（二）撰写短视频脚本

撰写短视频脚本，需要明确短视频的内容主题。本实训的拍摄主题为"英雄"，可以拍摄一个关于英雄的故事。完成后的分镜头脚本如表5-4所示。

表5-4　《英雄》分镜头脚本

镜号	景别	拍摄方式	画面内容	台词	配乐	时长
1	中景	侧面拍摄，固定镜头	老师在讲台上发问	老师：同学们，你们知道谁是英雄？	动人的背景音乐	3秒
2	中景转近景	正面拍摄，推镜头	衣着朴素的男孩，眼里闪动着光芒，自信地举起了手			2秒
3	中景	侧面拍摄，固定镜头	老师看到了男孩，指着他说话	老师：好，这位同学，你说		2秒
4	近景	正面拍摄，固定镜头	男孩脸上写满了自豪	男孩：老师，我父亲是英雄		2秒
5	全景	正面拍摄，固定镜头	同学们在交头接耳，男孩看了看四周			4秒
6	近景	正面拍摄，固定镜头	男孩有些难堪地低下了头			3秒
7	中景	正面拍摄，固定镜头	老师很是诧异，疑惑地问	老师：为什么你父亲是英雄呢		2秒
8	近景	正面拍摄，固定镜头	男孩鼓起勇气，坚定地发言	男孩：因为我妈说，在我两岁的时候，他在地震中为了救全村的人，去了很远的地方，就再也没回来过		8秒
9	特写转近景	正面拍摄，拉镜头	男孩脸上流露出激动、勇敢的神情，身体坐得笔直		背景音乐的高潮部分	3秒
10	黑屏	白字		画外音：岁月静好是因为有人在负重前行，这些人都是——英雄！		6秒

↘（三）　准备拍摄器材

本短视频的场景集中在教室内，可使用智能手机拍摄，另外还准备了稳定器和灯光设备。

● **智能手机**：型号为华为Mate 30，ROM容量为256GB，如图5-63所示。

● **稳定器**：智云Crane云鹤3 LAB单反图传稳定器。

● **灯光设备**：主要以室内灯光作为主光，并配合使用斯丹德LED-416补光灯和金贝110cm五合一反光板。

图 5-63　华为 Mate 30 智能手机

↘（四）　设置场景和准备道具

根据短视频脚本设置场景和准备道具，这两项都比较简单。

● **场景**：该短视频中的场景全部都在室内，只需要找一间空教室即可。

● **道具**：直接使用教室中原有的物品。

↘（五）　现场布光

本短视频的场景多在教室内，可以根据室外光照强度选择顺光拍摄，无须刻意布光。此外，在拍摄时可将教室窗帘全部拉开，增强画面亮度。

↘（六）　设置拍摄参数

在拍摄短视频前，需设置手机的拍摄参数，主要包括视频拍摄模式、闪光灯的开/关。这里将录制视频的模式设置为"1080p HD，60fps"，并打开闪光灯，如图5-64所示。

图 5-64　设置手机的拍摄参数

↘（七）　拍摄视频素材

根据撰写的短视频脚本拍摄视频素材。另外，拍摄过程中注意景别的变化和镜头的运用，主要运用突出拍摄主体的构图方式，图5-65所示为拍摄的视频素材。

图5-65　拍摄的视频素材

↘（八）导入和裁剪视频素材

首先将素材文件导入剪映中，并删除多余的视频画面，然后为短视频的开头和结尾设置特效，具体操作步骤如下。

导入和裁剪
视频素材

① 打开剪映，点击"开始创作"按钮，打开手机资源库，点击选择需要的视频素材（配套资源：\素材文件\项目五\英雄\英雄1.mp4），在打开的界面中预览该视频素材，点击左下角的"裁剪"按钮，如图5-66所示。

② 展开"剪辑"窗格，在视频轨道中拖动右侧的滑块裁剪视频，将视频时长缩短为"3.0s"，点击"确定"按钮，如图5-67所示。

③ 返回手机相册，该视频素材已经被裁剪并选中，点击"添加"按钮，如图5-68所示，打开剪映的短视频编辑界面，该视频素材已经被添加到编辑窗格的视频轨道中。

图5-66　预览视频素材　　图5-67　裁剪视频　　图5-68　导入视频

④ 将时间线定位到添加的视频素材的最后，点击编辑窗格右侧的"添加"按钮⊞，然后用同样的方法裁剪"英雄2.mp4"视频素材（配套资源：\素材文件\项目五\英雄\英雄2.mp4），右侧滑块拖动选取"2.0s"，并将其添加到视频轨道中。

⑤ 用同样的方法裁剪其他视频素材（配套资源：\素材文件\项目五\英雄\英雄3.mp4~9.mp4），并将它们依次添加到视频轨道中，完成导入和裁剪视频素材的操作。各个素材的裁剪时间选取情况如下："英雄3.mp4"视频素材的左侧滑块选取"3.0s"，右侧滑块选取"2.0s"；"英雄4.mp4"视频素材的左侧滑块选取"3.0s"，右侧滑块选取"2.0s"；"英雄5.mp4"视频素材的左侧滑块选取"5.0s"，右侧滑块选取"4.0s"；"英雄6.mp4"视频素材的左侧滑块选取"4.0s"，右侧滑块选取"3.0s"；"英雄7.mp4"视频素材的左侧滑块选取"2.5s"，右侧滑块选取"2.0s"；"英雄8.mp4"视频素材的左侧滑块选取"8.6s"，右侧滑块选取"8.0s"；"英雄9.mp4"视频素材的右侧滑块选取"3.0s"。

⑥ 将时间线定位到视频开始位置，在下面的工具栏中点击"特效"按钮，展开"特效"窗格，在工具栏中点击"画面特效"按钮，在打开的窗口中点击"基础"选项卡，在下面的列表框中选择"开幕"选项，点击"确定"按钮✓，为短视频开头添加"开幕"特效，然后在编辑窗格中将"开幕"特效的时长设置为与第一段视频素材相同，如图5-69所示。

⑦ 将时间线定位到最后一个视频素材中间位置，用同样的方法为其添加"全剧终"特效，如图5-70所示，完成导入和裁剪视频素材的操作。

图5-69 添加"开幕"特效　　　　图5-70 添加"全剧终"特效

↘（九）调色

接下来就是为短视频调色。由于该短视频属于剧情类短片，这里通过应用颜色比较明亮

调色

的滤镜和暖色调的滤镜，使在室内拍摄的视频画面显示清晰且具备一定的电影质感，具体操作步骤如下。

① 将时间线定位到已经裁剪好的视频素材中任意位置，返回剪映的编辑界面中，在下面的工具栏中点击"滤镜"按钮，展开"滤镜"窗格，在"精选"选项卡中选择"自然"选项，点击"确定"按钮✅，如图 5-71 所示。

② 在编辑窗格中拖动"自然"滤镜左右两侧的滑块，使其开始和结束与短视频开始和结束的时间相同，为短视频应用该滤镜，如图 5-72 所示。

③ 点击"返回"按钮，返回"滤镜"工具栏，点击"新增滤镜"按钮，展开"滤镜"窗格，用同样的方法添加"奶油高饱和"滤镜，并调整其时长，如图 5-73 所示，完成调色操作。

图 5-71　添加滤镜

图 5-72　设置时长

图 5-73　继续添加滤镜

小贴士

使用剪映编辑短视频时，点击左上角的"关闭"按钮✕，将退出短视频编辑界面，剪映会将编辑过的短视频保存到"本地草稿"中，方便再次进行编辑。

↘（十）添加特效视频和背景音乐

添加特效视频
和背景音乐

为了烘托剧情效果，为该短视频添加特效视频和背景音乐，具体操作步骤如下。

① 在编辑窗格中，将时间线定位到视频素材最后，在编辑窗格的视频轨道右侧点击"添加"按钮➕，打开添加素材窗格，点击"素材库"选项卡，在打开的"素材库"窗格中点击"空镜"选项卡，点击下面的"风景"按钮，在下面的窗格中选择一个金秋风景视频素材，点击右下角的"添加"按钮，如图 5-74 所示。

② 将时间线定位到添加的特效视频开始处，在编辑窗格上方的右侧点击"添加关键帧"按钮，为该视频素材添加一个关键帧。

③ 将时间线定位到"00:33"位置，继续添加一个关键帧，在工具栏中点击"音量"按钮，展开"音量"窗格，向左拖动滑块将音量设置为"10"，点击"确定"按钮，如图 5-75 所示。

④ 点击"返回"按钮，返回上一级工具栏，点击"音乐"按钮，展开"音乐"窗格，点击"导入"选项卡，点击下面的"本地音乐"按钮，在展开的窗格中选择"英雄.mp3"背景音乐（配套资源:\素材文件\项目五\英雄\英雄.mp3），点击右侧的"使用"按钮，如图 5-76 所示。

图 5-74　添加特效视频

图 5-75　添加关键帧并调整音量

图 5-76　添加背景音乐

⑤ 将时间线定位到添加的背景音乐的结尾处，选择添加的特效视频，继续添加一个关键帧，在工具栏中点击"音量"按钮，展开"音量"窗格，向右拖动滑块将音量设置为"51"，点击"确定"按钮，如图 5-77 所示。

⑥ 点击"返回"按钮，在工具栏中点击"音乐"按钮，展开"音乐"窗格，在上面的搜索文本框中输入"平凡天使"文本，点击"搜索"按钮，如图 5-78 所示。

⑦ 展开"音乐"窗格，选择"平凡天使（剪辑版）"选项，点击右侧的"使用"按钮，将音乐添加到轨道中。

⑧ 按住添加的"平凡天使(剪辑版)"音频素材不放，将其向左拖动到短视频的开始位置，将时间线定位到最后一个视频素材的结尾部分，在工具栏中点击"分割"按钮，分割音频素材，选择分割后右侧的音频素材，在工具栏中点击"删除"按钮，将该音频素材删除，效果如图 5-79 所示。完成添加特效视频和背景音乐的操作。

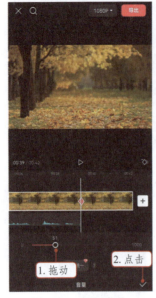

图 5-77　设置音量　　　　　图 5-78　搜索音乐　　　　　图 5-79　裁剪音频素材

↘（十一）添加字幕

接下来为剪辑的短视频添加字幕，这里需要先设置视频比例，然后再为短视频添加字幕，具体操作步骤如下。

添加字幕

① 在工具栏中点击"比例"按钮，在打开的工具栏中选择"9：16"选项，点击"确定"按钮☑，如图 5-80 所示。

② 将时间线定位到第 1 个视频素材结尾处，在工具栏中点击"文本"按钮，打开"文本"工具栏，点击"新建文本"按钮，展开"新建文本"窗格，在上面的文本框中输入"同学们，你们知道谁是英雄"文本，然后在视频窗格中调整文本大小和位置，将其拖动到视频画面的下方。

③ 在"新建文本"窗格中点击"字体"选项卡，点击"后现代体"按钮，为字幕设置字体样式，如图 5-81 所示。

④ 点击"动画"选项卡，在"入场"列表中选择"打字机Ⅱ"选项，然后拖动最下面的时间滑块，设置动画时长为"2.0s"，点击"确定"按钮☑，如图 5-82 所示。

⑤ 拖动字幕素材，将添加字幕的时长调整到与第 1 个视频素材相同，在下面的工具栏中点击"复制"按钮▣，复制一个同样的字幕，将其拖动到第 3 个视频素材下方。将该字幕的时长调整为与第 3 个视频素材相同，然后双击字幕，将其中的文本修改为"好，这位同学，你说"，如图 5-83 所示。

⑥ 选择第 2 个字幕素材，在工具栏中点击"编辑"按钮，在展开窗格下面拖动时间滑块，设置字幕的动画时长为"1.6s"，点击"确定"按钮☑，如图 5-84 所示。

⑦ 用同样的方法复制添加其他字幕，为第 4 个视频素材添加字幕内容"老师，我父亲是英雄"，动画时长为"1.6s"；为第 7 个视频素材添加字幕内容"为什么你父亲是英雄呢"，

动画时长为"1.6s"；为第 8 个视频素材依次添加 3 个字幕内容"因为我妈说，在我两岁的时候""他在地震中为了救全村的人""去了很远的地方，就再也没回来过"，动画时长分别为"2.0s""2.2s""2.6s"；为最后 1 个"英雄.mp3"音频素材添加两个字幕内容，"岁月静好是因为有人在负重前行""这些人都是——英雄"，动画时长都为"2.6s"，如图 5-85 所示。

图 5-80　设置画面比例

图 5-81　添加和设置文本

图 5-82　添加文本动画

图 5-83　复制并修改字幕

图 5-84　设置动画时长

图 5-85　添加完字幕效果

⑧ 用同样的方法新建字幕"英雄"，然后在窗格中点击"文字模板"选项卡，在下面点击"简约"选项卡，在下面的列表框中选择"剪映出品"样式，最后，点击"动画"选项卡，拖动滑块，将动画时长设置为"0.5s"，点击"确定"按钮✓，如图 5-86 所示。

⑨ 拖动调整"英雄"字幕素材的时长，使其与整个短视频时长一致，如图 5-87 所示，完成添加字幕的操作。

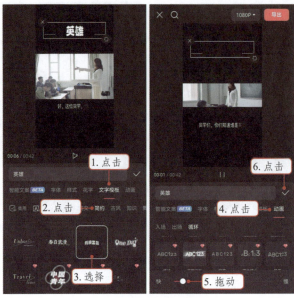

图 5-86　为文字应用模板　　　　　　　　图 5-87　调整字幕时长

↘（十二）制作封面和片尾

本例中直接使用短视频中的帧画面作为封面，然后导入制作好的视频作为片尾，具体操作步骤如下。

制作封面和
片尾

① 在剪映中打开基本制作完成的短视频，进入其编辑界面，在编辑窗格最左侧点击"设置封面"按钮。

② 打开设置封面的界面，在"视频帧"编辑窗格中将时间线定位到需要作为封面的短视频画面位置，点击"封面模板"按钮，如图 5-88 所示。

③ 打开"封面模板"窗格，点击"影视"选项卡，在下面的列表中选择"温暖解压美食电影"对应的选项，点击"确定"按钮✓，如图 5-89 所示。

④ 返回封面编辑界面，在封面画面中点击不需要的文本素材，在出现的编辑框中点击左上角的"删除"按钮☒，删除该文本。最后点击两次剩余标题文本，打开文本窗格，在文本框中重新输入"温暖解压短视频"，然后将该标题文本拖动到视频画面的正下方，点击"确定"按钮✓。最后，点击右上角的"保存"按钮，完成封面制作，如图 5-90 所示。

⑤ 返回短视频编辑界面，在编辑窗格中将时间线定位到短视频最后，为其添加制作好的片尾视频（配套资源：\素材文件\项目五\片尾.mp4）。

⑥ 播放预览剪辑后的短视频效果，然后点击右上角的"导出"按钮，将剪辑好的短

视频保存到手机中，完成整条短视频的剪辑操作（配套资源：\效果文件\项目五\英雄.mp4）。

图 5-88　选择封面图片

图 5-89　选用封面模板

图 5-90　设置封面字幕

小贴士

　　在制作封面时，在设置封面界面中点击"封面编辑"按钮，可以从剪映 App 中直接打开醒图 App（图片编辑工具），在其中编辑图片，并导入剪映 App 作为封面。

课后练习

　　试着根据本项目所学的手机短视频拍摄与剪辑相关知识，自己拍摄一个短视频并完成剪辑，然后使用剪映 App 制作电影海报样式的封面图片和结尾视频，并为短视频设置电影画面类似的色彩效果，使短视频呈现出电影大片的效果。

项目 六
赏析并创作短视频

案例导入

  如今，观看短视频已成为人们日常生活中常见的休闲娱乐方式，很多人也想通过创作短视频来展现自我并获得他人的关注。张先生便是其中一员，他深知，要想在短视频的海洋中脱颖而出，必须不断学习与创新。张先生从欣赏和分析经典短视频案例入手，深入探究这些短视频的拍摄手法、剪辑技巧以及创意构思。他发现，每一个成功的短视频背后，都蕴含着短视频创作者对生活的敏锐洞察和独特表达。于是，他开始尝试将这些学到的知识融入自己的创作中，结合个人的兴趣与经历，用手机记录生活中的美好瞬间，用创意剪辑讲述独特的故事。经过不懈努力，张先生记录日常生活的短视频逐渐吸引了越来越多的观众关注与喜爱，张先生也成了一个拥有几十万粉丝的短视频达人。

  以上这个案例能带给很多短视频创作者一点启示，大家可以先了解一些短视频的经典案例，分析短视频的拍摄手法和剪辑手法等，积累相关经验，再结合自身实际情况，进行短视频创作。

学习目标

- 赏析AI生成类短视频的经典案例。
- 赏析剧情类短视频的经典案例。
- 赏析宣传类短视频的经典案例。
- 赏析生活记录类短视频的经典案例。
- 掌握不同类型短视频的创作过程。

任务一　赏析并创作 AI 生成类型的短视频

随着 AI 技术的飞速发展，其在短视频创作中的应用日益广泛。本任务将了解和分析使用 AI 技术创作的短视频《AI 我中华》，探索 AI 创作短视频的奥秘，并尝试结合 AI 技术，创作出一条独特的创新短视频《端午古风韵》，开启一段全新的创意之旅。

（一）赏析 AI 创作的短视频《AI 我中华》

《AI 我中华》是央视网制作的一个完成度超高的全流程 AIGC 短视频，如图 6-1 所示。这个短视频时长约 3 分钟，通过 AI 技术生成了我国 34 个省级行政区的 200 多张地标图片，制作了 200 多个视频片段，最后将这些零碎的素材进行剪辑，创作出了一条独特的全国文旅宣传短视频。该短视频在发布当天就在全网传播，被网友称赞"每一帧都是屏保"。

图 6-1　短视频《AI 我中华》

1. 创作流程分析

《AI 我中华》通过生成式 AI 技术制作，其内容深入挖掘了省级行政区的文化精粹、自然风光、历史遗迹和现代发展，并将这些元素融合在引人入胜的故事线中。短视频根据各省的特色和优势运用 AI 技术生成定制内容，在音乐、剪辑和效果上进行个性化的调整和融合，让短视频准确地反映出其独特魅力。具体的创作过程分为脚本创作、单帧图片制作、图生成视频制作和剪辑合成 4 个阶段。

●**脚本创作阶段**：在该阶段，以 34 个省级行政区为主题，配合文心一言、ChatGPT、Gemini 等 AI 工具，初步生成短视频内容，并确定短视频风格。然后，根据目前 AI 工具图片生成视频的技术水平，将短视频的镜头进行拆分，并针对每个镜头明确对

177

应的AI工具。

● **单帧图片制作阶段**：在该阶段使用Midjourney、DALL-E3、ImageFX和Stable Diffusion等AI工具，使用文生图或图生图的方式，将每个镜头转换成图片，再对生成的图片中的各个细节进行调整和更换，并使用Photoshop、Stable Diffusion等工具对图片进行优化，使图片符合脚本的需求。

● **图生成视频制作阶段**：在该阶段使用Runway、PixVerse、Pika、AnimateDiff等AI工具将制作好的单帧图片制作成短视频，并使用Deforum等工具制作图片与图片间的转场效果，以及使用Topaz Video等工具将部分视频放大。

● **剪辑合成阶段**：在该阶段使用Adobe After Effects将各个视频片段合成一个完整的短视频，并添加和调整视频片段间的转场特效，然后添加配音（AI技术生成的央视网数字人小C的配音）和背景音乐，制作成卡点视频，最后将其导出并发布到网络中。

2. 创作思路分析

短视频内容主要分为壮阔山河、各省级行政区介绍和结尾3个部分。

首先使用1~7组镜头，大约18秒时间展示我国的壮阔山河，开启视觉盛宴。以远景为主，缓缓铺开，展示长城、山川、河流、树林、瀑布、草原、黄河源头等镜头画面，如图6-2所示。

图6-2 展示我国的壮阔山河

然后，从第18秒开始，依次介绍我国各省级行政区的美景和人文特色，类似一个旅行Vlog，如图6-3所示。从北京开始介绍主要的省级行政区，并在1分37秒到1分42秒这一时段，背景音乐的节奏开始加速，呐喊声和鼓点越来越紧凑，画面的地域切换也随之加速，镜头和文字的贴合度更加完美。

接着，在1分54秒到2分14秒这一时段，主要介绍甘肃、陕西、山西、青海、辽宁等城市。短视频创作者制作了一个进入博物馆的转场，然后用AI技术进行演变，让古老的文物动起来。从古老皇城到赛博都市，上一秒表现丝绸之路上的骆驼悠悠，下一秒高铁飞驰而过，将古代和现代融合在一起。

随后，在2分20到2分36秒这一时段，介绍浙江、天津等城市。这一段内容是对科技、智能、现代化的未来展现，包括无人机、未来感汽车、双芯片、机器人，以及制造业的未来面貌。

最后，从2分37秒开始，展示古城、山水和现代城市，并将"AI"两个字母运用AI特效演变为"爱"，如图6-4所示，寓意从机械过渡到情感，点题的同时为短视频结尾。

图 6-3　展示全国各省级行政区的美景和人文特色

图 6-4　应用 AI 技术制作文字特效

↘（二）使用 AI 创作短视频《端午古风韵》

本实例要求使用剪映的 AI 功能，创作主题为"端午古风韵"的短视频，向观众展示和宣传我国的传统文化，短视频时长为 1 分钟左右。

1. AI 生成短视频

下面先在剪映中输入短视频的基本要求，然后生成文案并编辑，最后以此生成短视频，具体操作步骤如下。

① 在计算机中启动剪映专业版，在主界面中单击"图文成片"功能。

② 打开"图文成片"界面，在左侧的列表框中选择"自定义输入"选项，然后在中

间的文本框中输入生成短视频的基本要求，包括主题、目标和短视频的时长等，单击"生成文案"按钮（单击后按钮变成"重新生成"），在右侧文本框中将自动生成短视频文案，查看文案内容并进行修改和优化，完成后在"生成视频"按钮左侧的下拉列表框中选择"译制片男"选项，设置短视频的配音类型，单击"生成视频"按钮，在弹出的列表框中选择"智能匹配素材"选项，如图6-5所示。

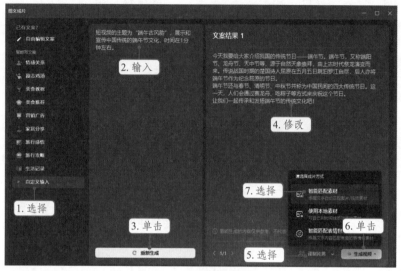

图6-5 AI生成短视频

③ 剪映将自动生成短视频，并在剪辑的编辑界面中显示短视频的所有素材和效果。

2. 优化短视频

下面对AI生成的短视频进行优化，包括替换视频素材、应用滤镜和设置字幕，具体操作步骤如下。

① 打开剪映的编辑界面，可以看到AI生成的短视频，可以对其中的素材进行替换和更改。在"轨道"面板的第一个视频素材上单击鼠标右键，在弹出的快捷菜单中选择"替换片段"命令，在打开的"请选择媒体资源"对话框中选择替换的视频素材（配套资源：\素材文件\项目六\端午古风韵\端午节.mp4），打开"替换"对话框，查看视频效果，单击"替换片段"按钮，使用本地视频素材替换AI生成的视频素材。

② 用同样的方法，将第4个视频素材替换为本地视频素材（配套资源：\素材文件\项目六\端午古风韵\屈原.mp4），将第5个视频素材替换为本地视频素材（配套资源：\素材文件\项目六\端午古风韵\传统节日.jpeg）。

③ 在左上角的面板中单击"滤镜"选项，在左侧的列表框中展开"滤镜库"选项，单击"影视级"选项卡，在右侧的列表框中将"青橙"滤镜拖动到"轨道"面板中，并调整"青橙"滤镜的时长与整个短视频时长一致。

④ 在"轨道"面板中选择第一个字幕素材，展开"文本"面板，在其中的文本框中为字幕添加标点符号，在"字体"下拉列表框中选择"悠然体"选项，如图6-6所示，用同样的方法为其他字幕素材添加标点符号。

图 6-6　修改字幕素材

3. 制作封面和片尾

最后用帧画面作为封面，并添加制作好的短视频作为片尾，具体操作步骤如下。

① 在"轨道"面板最左侧单击"封面"按钮，打开"封面选择"对话框，在"视频帧"选项卡下方的画面轴中选择其中一帧视频画面作为封面，单击"去编辑"按钮。打开"封面设计"对话框，在左侧窗格中单击"影视"选项卡，为封面选择一种模板，这里选择"武侠"模板，在右侧的窗格中单击"武"文本，在上面的文本框中将其修改为"端午"，用同样的方法将"侠"文本修改为"古风韵"，然后调整两个文本的大小和位置，最后，删除多余的文字，单击"完成设置"按钮，效果如图 6-7 所示。

图 6-7　设置短视频封面

② 在左上角的面板中单击"媒体"选项，导入片尾视频素材（配套资源：\素材文件\项目六\普通片尾 .mp4），将其拖动到"轨道"面板中所有视频素材的最后。

③ 播放预览编辑后的短视频效果，然后单击右上角的"导出"按钮，导出剪辑好的短视频，完成全部操作（配套资源：\效果文件\项目六\端午古风韵.mp4）。

任务二　赏析并创作剧情类型的短视频

剧情类短视频抓住了现代人利用碎片化时间娱乐放松的需求，用相对较短的时间讲述一个完整的故事，输出人们感兴趣的内容。本任务将通过赏析获奖非遗剧情短片《脸子》，学习拍摄和剪辑这类短视频的方法，并创作一个剧情类型的短视频。

↘（一）赏析获奖非遗剧情短片《脸子》

《脸子》是万启航编剧并导演的一部剧情短片，讲述了贵州特殊戏种——地戏的学员刘妥乐（外孙）和老师王戎生（外公）经历了传统与现代的冲突，亲情与传承融合的故事，如图6-8所示。《脸子》是一部具有深刻文化内涵和艺术价值的剧情短片，它通过生动的故事情节和精美的画面呈现，向观众展示了非遗文化的独特魅力和传承的重要性。这部短片在多个国际电影节上获得了认可，还在SHISW上海国际短片周上荣获年度最佳中国非物质文化遗产短片奖。

图6-8 《脸子》

1. 脚本分析

《脸子》的脚本分为 4 个部分。第 1 部分为引子与背景设定。短片以贵州特殊戏种——地戏的传统戏班生活为背景开篇，介绍外公王戎生和外孙刘妥乐的生活环境。通过简短的对话和场景展示，展现了两人之间初始的关系状态可能有些隔阂。同时，通过展现地戏的面具（"脸子"）这一重要元素，铺垫出浓厚的文化氛围和神秘感。这部分内容为后续剧情铺设基础，让观众对主要人物及其生活环境有初步了解，同时激发观众对地戏这一传统文化形式的好奇心。

第 2 部分为冲突与矛盾升级。随着剧情的推进，外公王戎生和外孙刘妥乐之间的矛盾纠葛开始显现。由于观念差异，以及外孙对外出打工父母的思念，两人之间产生了矛盾。这部分内容主要通过一系列冲突事件来展现，如外孙对地戏的不理解、外公对外孙的严厉教导和对外孙喜欢国外人物的不理解等。

第 3 部分为寻找与理解。外公找人帮助外孙刘妥乐开始了一段寻找超级英雄的旅程，这个旅程实际上是外孙对外公和地戏文化逐渐理解和接纳的过程，他通过参与地戏的表演、与戏班成员交流等方式，逐渐感受到地戏的魅力，也理解了外公坚守这份传统文化的苦衷和执着。这部分内容展现了外孙的成长与变化，以及他对传统文化的重新认识和理解，为最终的和解与感悟做铺垫。

第 4 部分为和解与传承。在经历了一系列事件后，外公王戎生和外孙刘妥乐之间的隔阂最终消除，两人达成了和解。外公专门为外孙制作了全新的国外人物"脸子"，外孙也明白了外公的良苦用心。短片以一场精彩的地戏表演作为高潮，外公头戴全新的"脸子"跳起了传统的地戏，展示了传统文化的魅力，也传递了爱与包容的主题。这部分内容升华了主题，让观众感受到传统文化的力量和价值，同时也传递出对年轻一代传承和保护传统文化的期望与鼓励。

2. 拍摄手法分析

《脸子》在拍摄手法上，特别注重镜头与色彩的运用以及光影的处理，以营造独特的视觉效果和情感氛围。

● **镜头运用方面**：短片主要以中近景和特写镜头为主，聚焦于演员的面部表情和动作细节，使观众能够更深入地理解人物的内心变化和情感纠葛。短片中还运用了推、拉、摇、移等运动镜头，增强画面的动感和层次感，使短片的节奏更加紧凑和流畅。另外，在寻找超级英雄的情节中，使用航拍与全景镜头展现了贵州特有的自然风貌和喀斯特地貌，以宏观的视角让观众领略到贵州壮丽的自然风光，如图6-9所示。

图 6-9　航拍（左图）和全景（右图）镜头

● **色彩运用方面**：短片在色彩上采用了贵州自然风光及生活环境的原始色调，如翠绿的喀斯特山峰、金黄色的门板、灰黑的房间等，以突出地域特色。同时，在戏剧表演场景中，色彩则更加丰富多样，以反映地戏独特的艺术魅力。

● **光影处理方面**：短片注重光影的层次感和立体感，通过不同光源的布置和光影的对比，营造出丰富的视觉效果。例如，在外公处罚外孙后查看"脸子"的场景中，先用强光突出"脸子"，展现其细节，突出外公对传统文化的热爱，侧面反映出这场冲突的激烈程度；然后使用顶光来展现外公思索的面部表情，也强调外公对事情的反思和对外孙处罚的后悔，表现外公对现实的思考，如图6-10所示。

图6-10 短片中的光影处理

3. 剪辑手法分析

《脸子》采用标准剪辑，按照时间顺序为观众讲述故事，加强了短片内容的流畅度。此外，该短片中还采用了 L Cut 和蒙太奇剪辑手法。例如，在展示地戏的过程中，传统唱词一直在引导剧情发展的过程；蒙太奇则运用在不同时间和空间的镜头拼接上，将传统与现实、传统"脸子"与新"脸子"结合起来，营造出一种跨越时空的叙事效果。

剪辑中音效的配合也是不可忽视的一部分。《脸子》收录了传统戏剧的古老唱词和中国鼓、苗族飞歌等独特声响作为短片中的音效，这些音效与画面内容紧密结合，不仅丰富了短片的音效层次，还增强了其文化底蕴和艺术氛围。

（二） 创作新农村剧情短视频《新农村家事》

作为新时代的大学生，要主动融入乡村振兴，主动扛起历史责任，在乡村振兴的大舞台上建功立业，实现个人价值。所以，本实例将选择大学生带动乡村振兴作为短视频主题，创作剧情短视频《新农村家事》。

1. 组建短视频团队

《新农村家事》这个短视频中只需要两个演员，所以，可以组建一个小型的拍摄团队。团队成员包括导演、制片、摄像人员、录音师、化妆师、灯光师和剪辑师。在精减和合并工作后，可以将团队分工和人数确定为男、女演员各一人，导演一人（兼顾制片工作），摄像人员一人（兼顾布光和录音工作），剪辑师一人（兼顾化妆和画外音工作）。

2. 撰写短视频脚本

先确定短视频的主题，这是一部以大学毕业生回乡种植水果、带领乡亲共同致富、实现乡村振兴为主题的短视频。故事主角是两个大学毕业后回乡的年轻人。故事发生在

《新农村家事》脚本

晚上休息时段，女主角怀揣着对未来生活的梦想，跟随男主角回到了家乡，一起种植果树，希望通过自己的努力过上富足、美满的生活。然而，几年下来，虽然生活上已经比较富足，但女主角仍然有很多不满之处。于是，女主角让男主角站着，向男主角发泄自己的情绪。她指出男主角常年忙于工作，几乎没有时间回家，也没有顾及家庭的需求。她还提到男主角为了帮助乡亲们，当上了村长，贷款投资果园，却面临着还款的压力。尽管如此，女主角依然支持男主角，并理解他的所作所为。她展示了作为一个妻子的坚韧和勇气，承担了家庭的大小事务，并为家庭的未来感到担忧。正当女主角发泄完不满时，外面传来了一个声音，告知水果已经卖出去了。女主角听到这个消息后，激动地催促男主角去开门。最后，根据该故事情节撰写完整脚本。

3．准备拍摄器材

这个短视频以室内拍摄为主，这里主要考虑视频的清晰度、摄像设备的续航能力和镜头的变焦能力。

● 相机：品牌为索尼，型号为Alpha 7 III（A7M3），是一款综合性能极强的微单相机，如图6-11所示。在视频拍摄方面，Alpha 7 III可以拍摄多种格式的高清晰视频，并具有双卡槽和极强的续航能力，广泛应用于短视频和微电影等领域的拍摄，非常适合需要拍摄高质量视频的摄像人员。

● 镜头：品牌为索尼，型号为FE 24-70mm F2.8GM，如图6-12所示。这款镜头体积小、重量轻、对焦性能强、具有极强的变焦能力，非常适合影视剧拍摄。而且，24～70mm这个焦距区间在日常拍摄使用频率极高，非常实用。

图 6-11　相机

图 6-12　镜头

辅助设备包括大疆 DJI Mic 一拖二领夹式无线话筒、百诺青鸟碳纤维三脚架、神牛SL150+LC500 补光灯和一个 3.5mm 接口的耳机。

4．拍摄短视频

这个短视频在拍摄时需要导演进行现场调度，并与摄像人员和演员沟通，如图 6-13所示，特别是女演员，因为男主角的戏份多集中在背对镜头的肢体动作，女演员则需要表情、动作的表演，且台词较多。

另外，在拍摄团队配合熟练、演员表演合理的情况下，导演、演员和摄像人员能在一个较长的时间段内保持准确和连贯的表演和操作时，拍摄这个短视频可以尝试一镜到底的方式。一镜到底是指通过一次连续的单个镜头拍摄整个场景或一段连续的情节，而没有任何剪辑或镜头切换，使用一镜到底拍摄的短视频能让观众产生独特的视觉和观赏体验，可以增强观众的参与感，带给观众身临其境之感。并且，一镜到底也能够展现导演和演员的技术和创意，同时可提供一种不同于传统剪辑的叙事方式。

图6-13　导演与摄像人员和演员沟通

5. 导入和裁剪视频素材

首先将素材文件导入剪映中，裁剪并删除多余的视频画面，然后为最后两个视频素材进行裁剪和音频分离，具体操作步骤如下。

导入和裁剪
视频素材

① 启动剪映，单击"开始创作"按钮，打开视频编辑主界面。在左上角的面板中单击"导入"按钮，将所有需要进行剪辑的视频素材"1.mp4~20.mp4"（配套资源：\素材文件\项目六\新农村家事\1.mp4~20.mp4）全部导入"媒体"面板中，并拖动到"轨道"面板中。

② 使用"向左裁剪"按钮▐▌和"向右裁剪"按钮▐▌裁剪所有的视频素材，"1.mp4"视频素材的裁剪位置分别在"00:00:01:10"和"00:00:03:10"，"2.mp4"视频素材的裁剪位置分别在"00:00:04:10"和"00:00:10:10"，"3.mp4"视频素材的裁剪位置分别在"00:00:11:00"和"00:00:17:00"，"4.mp4"的在"00:00:18:00"和"00:00:18:10"，"5.mp4"的在"00:00:21:00"和"00:00:20:10"，"6.mp4"的在"00:00:21:00"和"00:00:26:10"，"7.mp4"的在"00:00:28:00"和"00:00:35:10"，"8.mp4"的在"00:00:37:00"和"00:00:42:20"，"9.mp4"的在"00:00:45:00"和"00:00:44:10"，"10.mp4"的在"00:00:47:20"和"00:00:45:00"，"11.mp4"的在"00:00:46:10"和"00:00:51:20"，"12.mp4"的在"00:00:57:09"和"00:00:55:09"，"13.mp4"的在"00:00:58:10"和"00:01:06:20"，"14.mp4"的在"00:01:07:10"和"00:01:08:00"，"15.mp4"的在"00:01:10:00"，"16.mp4"的在"00:01:13:00"和"00:01:12:20"，"17.mp4"的在"00:01:14:00"和"00:01:25:20"，"18.mp4"的在"00:01:28:00"和"00:01:35:00"，"19.mp4"的在"00:01:35:20"和"00:01:40:10"，"20.mp4"的在"00:01:42:00"和"00:01:42:10"。

③ 在"轨道"面板中"19.mp4"视频素材上单击鼠标右键，在弹出的快捷菜单中选择"音频分离"命令。选择"19.mp4"视频素材，将时间线定位到"00:01:37:20"处，单击"向左裁剪"按钮▐▌，将分离出来的音频素材向左拖动1秒左右，然后裁剪多余的部分，使其与视频素材同时结束。用同样的方法对"20.mp4"视频素材进行音频分离，然后删除分离后的视频素材，只保留音频，完成导入与裁剪视频素材的操作。

6. 调色

接下来为短视频调色，这里使用剪映自带的滤镜，营造一种自然的色调，并提升人物肤色效果，具体操作步骤如下。

调色

① 在左上角的面板中单击"滤镜"选项，在左侧的列表框中展开"滤镜库"选项，单击"基础"选项卡，在右侧的列表框中将"清晰"滤镜拖动到"轨道"面板中，并调整"清晰"滤镜的时长，使其与整个短视频时长一样。

② 用同样的方法为整个短视频添加"人像"选项卡中的"亮肤"滤镜，完成调色操作。

7. 添加字幕

接下来为剪辑的短视频添加字幕，由于需要输入的字幕不多，这里直接在剪映中添加字幕，具体操作步骤如下。

添加字幕

① 在"轨道"面板中将时间线定位到"1.mp4"视频素材中，在左上角的面板中选择"文本"选项，在右侧的列表框中单击"新建文本"选项卡，在右侧的窗格中将"默认文本"拖动到"轨道"面板中，并调整字幕素材的时长与视频素材中人物说话的时长相同。选择字幕素材，展开"文本"面板，在下面的文本框中输入字幕内容"抬头，挺胸，站好了啊"，在下面的"字体"下拉列表框中选择"后现代体"选项，在下面的"字号"数值框中输入"8"，最后，在"播放器"面板中将字幕文本框移动到视频画面的下方位置，如图6-14所示。

图6-14　添加字幕

② 在"轨道"面板中选择第一个字幕素材，将其复制到"2.mp4"视频素材位置，在"字幕"面板中将该字幕的文字修改为"你能站好吗乔立"，然后调整字幕的位置和大小，并调整其时长与视频素材中人物说话的时间相同。

③ 用同样的方法为其他视频素材添加字幕，包括"3.mp4"视频素材中的"我问你答啊"，"4.mp4"视频素材中的"你有多久没回家了"，"5.mp4"视频素材中的"哎呀？一个月"，"6.mp4"视频素材中的"你还知道回家啊""妞妞都忘了爸爸长什么样子了"，"7.mp4"视频素材中的"大学毕业就回家和你一起创业种果树"，"8.mp4"视频素材中

的"天不亮就往外跑""常年泡在果园里不回来""不但不管家里的事""还要当个村长带领全村种果树"，"9.mp4"视频素材中的"你，站好啦"，"11.mp4"视频素材中的"我也累啊""家里的大大小小，老老少少都归我管"，"13.mp4"视频素材中的"毕业的时候你说，带领全村的乡亲们共同致富""今年的水果也丰收了""可是卖出去了吗""卖不出啊"，"15.mp4"视频素材中的"老婆，腿都站麻了"，"16.mp4"视频素材中的"别动，站好"，"17.mp4"视频素材中的"我知道你要坚持梦想""这些年""你天天起早贪黑""亲力亲为""把咱家的果园打理得井井有条""好不容易看到了希望""你又向银行贷款""带领全村种上了果树"，"18.mp4"视频素材中的"但是，爸看病也需要钱""银行第一批还款的期限马上到了""你说，怎么办"，"20.mp4"视频素材中的"快，快，快去开门"。

④ 新建一个颜色为"#95EC6B"的颜色遮罩1，拖动时间线到"00:00:22:49"的位置，添加"裁剪"视频效果并设置裁剪参数。在颜色遮罩上方新建文本，在添加的文本框中输入字幕文本并设置文本格式。

⑤ 在"文本"面板中单击左侧的"文字模板"选项卡，在展开的列表中选择"旅行"选项，在右侧的窗格中选择"去海边吧"样式，将其拖动到"轨道"面板"19.mp4"视频素材上面，调整其时长与视频素材中人物说话的时长相同。最后，选择该字幕素材，在右上角的"文本"面板的文本框中修改文本为"村长村长，水果卖出去了，村长"，在下面拖动滑块将文本缩放设置为"87%"，并在"播放器"面板中将该字幕拖动到视频画面的左上角，完成添加字幕的操作。

8. 添加音效

该短视频需要添加手机震动（原视频素材中虽然有手机铃声，但出现了导演和其他演员的杂音，所以，需要删除原声并添加音效）和敲门声的音效，具体操作步骤如下。

添加音效

① 在"轨道"面板中选择"12.mp4"视频素材，分离音频，并将音频素材删除。导入手机震动的音效(配套资源:\素材文件\项目六\新农村家事\震动.mp3)，然后调整音效时长，使其与所选视频素材时长相同。

② 导入敲门的音效（配套资源:\素材文件\项目六\新农村家事\敲门声.mp3），并拖动到"19"和"20"两个音频素材中间位置，如图6-15所示，完成添加音效的操作。

图6-15　添加音效

9. 添加片头并导出短视频

这部剧情短视频的片头比较特殊，直接在开始的视频画面中输入片名文字作为开头。由于最后一个视频素材被删除了，所以短视频最后的视频画面为全黑色，也被称为黑屏，这里直接将黑屏作为片尾，这种结尾方式可以留给观众想象的空间，也是很多影视剧采用的结尾方式，具体操作步骤如下。

添加片头并导出短视频

① 将时间线定位到短视频开头位置，在"文本"面板的"模板"选项卡中选择"片头标题"选项，在右侧的窗格中选择"周末野餐攻略/02"样式，将其拖动到"轨道"面板中的"1.mp4"视频素材上面，调整其时长与视频素材的时长相同。

② 在"轨道"面板中选择添加的片头标题，在右上角的"文本"面板的"第1段文本"文本框中修改文本为"新农村"，在"第2段文本"文本框中修改文本为"家事"。

③ 单击右上角的"导出"按钮，打开"导出"对话框，在"标题"文本框中输入短视频标题"新农村家事"，在"导出至"文本框中设置短视频的保存位置，单击"导出"按钮，导出完成后，在打开的对话框中单击"完成"按钮，完成整个短视频的创作与导出（配套资源：\效果文件\项目六\新农村家事.mp4）。

任务三 赏析并创作宣传类型的短视频

宣传类短视频通过生动的画面、有趣的创意和精准的传达，可迅速吸引观众注意力，成为品牌推广、产品介绍及信息传播的重要渠道。本任务通过赏析一个热门宣传短视频，学习其创作方式，然后自行创作一个展示宣传类短视频。

（一） 赏析大运会宣传片《成都倒计时3000年》

在成都举行的第31届世界大学生夏季运动会（后简称大运会）的倒计时宣传片《成都倒计时3000年》是一部极具创意和文化底蕴的短视频。该宣传片以"成都，已等你3000年"为核心主题，通过"倒计时3000年"的创意概念，将成都这座城市的悠久历史与大运会的盛事紧密相连，为观众呈现了一场跨越时空的视觉盛宴，如图6-16所示。《成都倒计时3000年》宣传片进一步提升了成都的城市形象和知名度，让更多的人了解了成都这座城市的魅力和活力。同时，宣传片也激发了观众的爱国情怀和民族自豪感，让人们更加珍惜和热爱自己的国家和城市。

1. 脚本分析

《成都倒计时3000年》的内容可分为3个部分。第1部分为开头和结尾。先以"倒计时约3000年"为开篇，直接点出主题，将成都的历史发展脉络与大运会的盛事紧密相连，展现成都作为一座古老而又现代的城市的独特魅力。而结尾以"成都，已经等你3000年"作为结语，既是对历史的回顾与致敬，也是对未来的期许与欢迎。另外，在结尾视频画面中还出现太阳神鸟这一标志性符号，这一符号不仅与开头古蜀先民的图腾形成了巧妙呼应，而且这也是成都市最显著的文化标志。

图 6-16 《成都倒计时 3000 年》

第 2 部分主要通过历史上具有代表性的人物和事件，展现成都丰富的历史文化底蕴和市井生活的热闹景象。这部分内容主要包括约 3000 年前，古蜀先民自岷江迁至成都，建立古蜀文明，这是成都城市文明的发端；战国时期，李冰父子治水于蜀，修建都江堰，使成都平原成为沃野千里的"天府之国"；三国时期，诸葛亮设"锦官"，蜀锦享誉海外，成都因此得名"锦官城"；唐朝，杜甫迁至成都，营建草堂，吸引了众多文人雅士入蜀；宋朝，作为南方丝绸之路的起点，茶马贸易使成都重归繁盛；清朝，川剧形成，成都市井文化兴盛。

第 3 部分则主要展示近现代成都的体育发展和大运会准备情况。这部分内容通过展示成都市民参与体育运动的场景，体现了成都人对体育的热爱和追求。最后，短视频聚焦于即将开幕的大运会，通过展示大运会的场馆、设施以及运动员的训练和比赛场景，传递出青春、活力和激情的氛围。

2. 拍摄手法分析

《成都倒计时 3000 年》在拍摄中采用了多样化的镜头语言进行表达，既有宏大的历史场景，如古蜀先民迁徙等，通过远景镜头展现出壮阔的历史画面，以及通过跟镜头、移镜头等让观众有身临其境的感觉，也有细腻的人物特写，如李冰父子对席而坐、杜甫沉思等，通过近景和特写镜头捕捉人物的情感细节，以及通过鸟瞰镜头和仰视镜头等来展现成都运动场地的宏伟和现代化设施等。这种多样化的镜头语言，使得短视频在讲述历史故事时更加生动、具体，也展示出更加现代化和专业程度极高的运动场地。

《成都倒计时3000年》在色彩运用上采用了多元化的策略，既有鲜艳的红色、绿色来表达成都的热情和活力，也有昏暗、柔和的色调来营造历史氛围。这种多元化的色彩选择不仅满足了不同展示主题和观众的需求，还使短视频在视觉上更加丰富和饱满。另外，在短视频的相同场景中都使用了一种主色调，并搭配其他辅助色调，以实现整体的和谐和一致性。例如，在呈现古代历史场景时，短视频采用了较为暗沉的色调来营造历史氛围；而在展现现代成都场景时，则采用了更加鲜艳和明亮的色调来展现城市的活力和现代感。这种色调的平衡与配合不仅使得短视频在视觉上更加和谐统一，还增强了观众的视觉体验。

3. 剪辑手法分析

《成都倒计时3000年》的剪辑非常流畅，不同场景之间的转换自然而不突兀。在剪辑过程中注重节奏感的把握，通过时快时慢的视频节奏，为展现历史场景营造出一种沉稳、庄重的氛围；而在展现现代成都时则能够展现出一种活力四射、朝气蓬勃的氛围。这种节奏感不仅增强了短视频的观赏性，还使得观众在观看过程中能够感受到时间的流转和历史的变迁。

通过细腻的镜头语言和富有感染力的音效配乐，该短视频成功地将观众带入到不同的历史场景之中，让观众在感受历史变迁的同时也能够体会到其中蕴含的情感和精神内涵。例如，在展现都江堰修建的场景时，短视频通过慢镜头和特写镜头将李冰父子的智慧和辛劳展现得淋漓尽致；在展现茶马贸易的场景时，则通过欢快的音乐和生动的画面展现出了贸易的繁荣和人民的幸福生活。

（二）创作个人展示宣传短视频《北大来人》

个人展示宣传短视频是一种以个人为主体，通过短视频的形式向观众展示个人特点、经历和价值观的视频作品，以推广个人品牌、求职或宣传自我等。下面拍摄和制作个人展示宣传短视频《北大来人》。

1. 组建短视频团队

首先组建团队，拍摄个人展示宣传短视频，通常都是由宣传对象——自己来身兼数职，完成导演、编剧、摄像人员、录音师、剪辑人员等多个职位的工作。另外，如果涉及拍摄自己的运动镜头，则需要至少找一个摄像人员，由此组建两个人的拍摄团队。由主角个人负责创作短视频脚本，将自己的个人特点、经历和价值观转化为一个有趣、吸引力强的故事，并确保故事情节和角色塑造符合短视频的要求。在拍摄过程中，主角负责整个短视频的创意、故事叙述和影像表达，并和摄像人员合作，通过镜头语言和视觉呈现来增强短视频的质感和美感。最后，由主角自己负责将拍摄素材进行剪辑、音效处理和色彩修正，以达到预期的效果。

2. 撰写短视频脚本

先确定短视频的主题，个人展示宣传短视频大都是传递自己对特定主题、社会问题或个人经历的理解和看法，类似于个人简历或个人推荐，所以，在创作短视频脚本时，就可以把《北大来人》写作成短视频风格的自我推荐。其主题是通过追求梦想、寻找人生意义、展示个人能力和个人成长经历等，来介绍自己。

然后创作主要内容，《北大来人》的故事主要是自我介绍，在不到2分钟的时间内，以幽默风趣的表达方式，将自己是谁、就读哪个学校、专业、成绩、兴趣爱好、个人能力和对工作的理解等相关内容进行细致阐述，目的是获得一份工作。根据故事的基本情节构建故事主要内容，故事的开场可以设定为主角（乔立）的照片被放置在超市的货架上，发展内容则包括主角在城市夜晚中的各种行为（如对个人、学业和人生态度的介绍），以及在学校的各种事情（主要是展示个人能力），高潮内容则是主角的照片被人拿走（代表主角获得了认可，就业前景一片大好）。最后，撰写完整的脚本。

《北大来人》脚本

3. 准备拍摄器材

由于是拍摄个人展示宣传短视频，拍摄团队仅有两人，故事情节也比较简单，所以选用的是一款性价比较高的微单相机：索尼 ZV-E10，镜头为相机自带的定焦镜头。索尼 ZV-E10 可以实现对眼部、脸部自动对焦并实时追焦，使得在拍摄一些需要移动的场景和比较复杂的背景时，能够取得稳定的效果。同时，索尼 ZV-E10 还有触摸屏，支持手动触摸快速对焦，以及 4K 30P 高清视频拍摄和 1080P 120P 高速摄影。话筒、脚架使用与拍摄《新农村家事》短视频时同样的型号，补光灯则采用一盏轻装时代 RGB 全彩 LED 专业高亮手持补光灯。

4. 拍摄短视频

由于拍摄团队只有两个人，所以沟通起来更加方便，通常由主角统筹管理整个拍摄过程，另一个人只负责拍摄以主角为拍摄对象的运动镜头，另外还需要负责客串最后一场中拿走照片的顾客。表演以真实为主，尽量做到松弛，就像日常学习和生活一样。录音为现场录音，旁白部分则由主角录制音频。

5. 导入和裁剪视频素材

首先将素材文件导入剪映中，裁剪并删除多余的视频画面，然后为一些视频素材添加转场和特效，具体操作步骤如下。

导入和裁剪视频素材

① 启动剪映，单击"开始创作"按钮，打开视频编辑主界面，在"轨道"面板右上角单击"关闭主轨吸附"按钮。在左上角的面板中单击"文本"选项卡，在打开的"文本"面板中单击左侧的"文字模板"选项卡，在展开的列表中选择"热门"选项，在右侧的窗格中选择"记录美好生活"样式，将其拖动到"轨道"面板中，调整时长为"00:00:02:00"。最后，在右上角"文本"面板的"第 1 段文本"文本框中修改文字为"北大来人"，在"第 2 段文本"文本框中修改文字为"乔立"。

② 将时间线定位到文本素材的最后，在左上角单击"媒体"选项卡，打开"媒体"面板，单击"导入"按钮，将第 1 个视频素材"1-28.mp4"（配套资源：\素材文件\项目六\北大来人\1-28.mp4）导入"媒体"面板中，并拖动到"轨道"面板中时间线的右侧。使用"向左裁剪"按钮和"向右裁剪"按钮裁剪该视频素材，裁剪位置分别在"00:00:03:00"和"00:00:08:00"，然后将裁剪后的视频素材向左拖动到前面文本素材的右侧（关闭主轨吸附后需要手动调整视频素材位置）。

③ 用同样的方法依次导入其他视频素材（配套资源：\素材文件\项目六\北大来人\2.mp4 ～ 30.mp4），并全部拖动到"轨道"面板中进行裁剪，"2.mp4"视频素材的裁剪

位置分别在"00:00:08:00"和"00:00:10:00","3.mp4"视频素材的裁剪位置分别在"00:00:12:10"和"00:00:15:00","4.mp4"的在"00:00:12:20"和"00:00:14:10","5.mp4"的在"00:00:15:00"和"00:00:19:00","6.mp4"的在"00:00:18:00"和"00:00:20:10","7.mp4"的在"00:00:20:00"和"00:00:33:00","8.mp4"的在"00:00:35:00"和"00:00:37:00","9.mp4"的在"00:00:35:00"和"00:00:40:00","10.mp4"的在"00:00:43:00"和"00:00:46:00","11.mp4"的在"00:00:46:20"和"00:00:48:00","12.mp4"的在"00:00:46:00"和"00:00:47:00","13.mp4"的在"00:00:49:00"和"00:00:51:00","14.mp4"的在"00:00:48:10"和"00:00:50:10","15.mp4"的在"00:00:49:10"和"00:00:52:00","16.mp4"的在"00:00:52:00"和"00:00:53:10","17.mp4"的在"00:00:54:10"和"00:00:56:00","18.mp4"的在"00:00:56:10"和"00:00:58:00","19.mp4"的在"00:00:57:20"和"00:00:58:20","20.mp4"的在"00:00:59:00"和"00:01:00:00","21.mp4"的在"00:01:09:00"和"00:01:10:10","22.mp4"的在"00:01:11:00"和"00:01:12:00","23.mp4"的在"00:01:01:00"和"00:01:02:00","24.mp4"的在"00:01:03:00"和"00:01:04:10","25.mp4"的在"00:01:03:10"和"00:01:05:10","26.mp4"的在"00:01:05:10"和"00:01:10:00","27.mp4"的在"00:01:15:10"和"00:01:18:00",第2个"1~28.mp4"的在"00:01:15:10"和"00:01:18:10","29.mp4"的在"00:01:19:10"和"00:01:23:10","30.mp4"的在"00:01:27:00"和"00:01:30:00"。

④ 在左上角的面板中单击"转场"选项卡,在打开的"转场"面板中选择"叠化"选项,将其拖动到"轨道"面板中"6.mp4""7.mp4"视频素材的中间位置,在右上角"叠化"面板的"时长"数值框中输入"0.6s",设置转场时长,如图6-17所示。

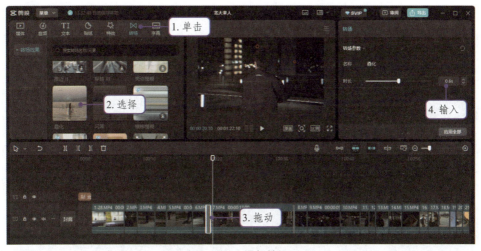

图6-17　添加转场

⑤ 用同样的方法在"7.mp4""8.mp4""9.mp4"视频素材之间添加两个"色彩溶解"转场,"时长"为"0.3s";在"9.mp4""10.mp4""11.mp4""12.mp4""13.mp4""14.mp4""15.mp4""16.mp4"视频素材之间添加7个"色彩溶解"转场,"时长"均为"0.5s";在"17.mp4""18.mp4"视频素材之间添加1个"色彩溶解"转场,"时长"为"0.6s"。

⑥ 在"转场"面板中单击"特效"选项卡,在打开的"特效"面板中选择"开幕"选项,将其拖动到"轨道"面板中与"1.mp4"视频素材的开始位置对齐。用同样的方法为"7.mp4"

视频素材添加"模糊开幕"特效，并在"特效"面板中设置"模糊"和"速度"的参数分别为"50"和"10"，完成视频素材的导入和剪辑操作。

6. 调色

接下来为短视频调色，这里使用剪映自带的滤镜，营造一种复古的色彩，具体操作步骤如下。

调色

① 在左上角的面板中单击"滤镜"选项，在左侧的列表框中展开"滤镜库"选项，单击"复古胶片"选项卡，在右侧的列表框中将"老友记"滤镜拖动到"轨道"面板中，并调整该滤镜的时长，使其覆盖"15.mp4"及前面的所有视频素材。

② 用同样的方法为剩下的其他视频素材添加"复古胶片"选项卡中的"港风"滤镜，完成调色操作。

7. 添加音效

这个短视频首先需要将所有视频素材静音，然后添加背景音乐和配音，并对配音进行编辑，使之与视频素材同步，具体操作步骤如下。

添加音效

① 在"轨道"面板中单击视频素材最左侧工具栏中的"关闭原声"按钮 🔊，让整个短视频静音。导入第1段背景音乐（配套资源：\素材文件\项目六\北大来人\背景音乐1.mp3），将其拖动到"轨道"面板中与"1.mp4"视频素材的开始位置对齐。然后将时间线定位到"17.mp4"视频素材的结尾位置，选择背景音乐素材，单击"向右裁剪"按钮 ，裁剪背景音乐素材，最后，在右上角的"基础"面板中设置音量为"−20.0dB"，如图6-18所示。

图6-18 导入和编辑背景音乐

② 导入第2段背景音乐（配套资源：\素材文件\项目六\北大来人\背景音乐2.mp3），将其拖动到"轨道"面板中"18.mp4"视频素材的开始位置，然后将时间线定位到"00:01:30:00"位置，并向右裁剪第2段背景音乐素材，同样将音量设置为"−20.0dB"。

③ 导入配音素材（配套资源：\素材文件\项目六\北大来人\配音.m4a），将其拖

动到"轨道"面板中"6.mp4"视频素材的开始位置。将时间线定位到"00:01:02:00"位置，单击"分割"按钮，然后将分割后右侧的"配音.m4a"配音素材拖动到第2个"1-28.mp4"视频素材开始位置。然后继续在"00:01:17:20"位置分割配音素材，并将分割后的右侧的配音素材拖动到"30.mp4"视频素材开始位置。最后，将最左侧"配音.m4a"配音素材向左侧拖动，使其结尾与"17.mp4"视频素材结尾位置对齐，完成添加音效操作。

8. 添加字幕

接下来为剪辑的短视频添加字幕，这里由于需要输入的字幕不多，直接在剪映中输入字幕，具体操作步骤如下。

① 在"轨道"面板中将时间线定位到"3.mp4"视频素材中，在左上角的面板中选择"文本"选项，在左侧的列表框中单击"新建文本"选项卡，在右侧的窗格中将"默认文本"按钮拖动到"轨道"面板中。选择字幕素材，展开"文本"面板，在下面的文本框中输入字幕内容"我的名字叫作乔立"，在下面的"字号"数值框中输入"6"，在"播放器"面板中将字幕文本框移动到视频画面的下方位置。最后，调整字幕素材的时长与配音中语音时长基本一致，如图6-19所示。

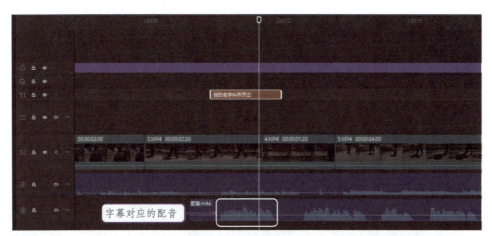

图6-19 添加字幕

② 在"轨道"面板中选择第一个字幕素材，将其复制到第2段语音位置，在"字幕"面板中将修改字幕内容为"1461天"，然后调整字幕素材的时长与配音中语音时长基本一致。

③ 用同样的方法为其他配音素材中的语音添加字幕，包括第3段语音的"5小时"，第4段语音的"23分钟前"，第5段语音的"来到北京这个城市"，第6段语音的"她看着我读了4年市场营销"，第7段语音的"现在"，第8段语音的"我看着她"，第9段语音的"你问我成绩如何"，第10段语音的"我会告诉你是专业第一"，第11段语音的"可你要问人生"，第12段语音的"我只懂英、德、法3门外语"，第13段语音的"你问我上班有什么意义"，第14段语音的"你说意义"，第15段语音的"就是我的目标和理想"，第16段语音的"你觉得你在找人"，第17段语音的"我觉得你在找我"，第18段语音的"人生就是这样"，第19段语音的"我期盼我就是你的答案"，第20段语音的"但又害怕你真的给我一个答案"，第21段语音的"他们喜欢争名逐利"，第22段语音的"而我"，第23段语音的"喜欢光明"，

195

第 24 段语音的"这好像就是乔立"，第 25 段语音的"他不是最好的"，第 26 段语音的"至少现在"，第 27 段语音的"还不是"，第 28 段语音的"但他值得一试"。

④ 将时间线定位到"18.mp4"视频素材开始位置，复制一个字幕素材，将该字幕内容修改为"他喜欢运动"，然后调整字幕素材的时长与视频素材的时长相同。用同样的方法为"19.mp4"视频素材添加字幕"他身体健康"，为"20.mp4"和"21.mp4"视频素材添加字幕"他熟悉互联网的主要发展方向和概念"，为"22.mp4"视频素材添加字幕"他拥有敏锐的市场意识"，为"23.mp4"视频素材添加字幕"他热爱学习和营销"，为"24.mp4"视频素材添加字幕"他具备优秀的沟通协调能力"，为"25.mp4"视频素材添加字幕"他具备较强的逻辑归纳能力"，为"26.mp4"视频素材添加字幕"他具备出众的创意思维能力"，为"27.mp4"视频素材添加字幕"他具备非凡的文案呈现能力"。

⑤ 将时间线定位到短视频结尾位置，复制字幕素材，修改内容为"电话：138********（换行）邮箱：qiaoli@****.com"，在右上角"文本"面板的"对齐方式"栏中单击"左对齐"按钮▤。在相同位置新建一个字幕素材，输入"给我你的选择"文本，然后在"播放器"面板中调整字幕素材的位置，如图 6-20 所示。最后，导出该短视频，完成操作（配套资源：\ 效果文件 \ 项目六 \ 北大来人 .mp4）。

图 6-20　调整字幕素材位置

任务四　赏析并创作生活记录类型的短视频

普通短视频创作者容易学习和制作生活记录类型的短视频，本案例就将通过学习一个旅拍 Vlog 的拍摄和剪辑知识，然后创作一个记录个人生活的短视频。

↘（一）赏析旅拍 Vlog《故乡旅人》

《故乡旅人》是一个具有一定艺术水准和情感深度，且画面优美、展现故乡风貌和情感的旅拍 Vlog 短视频，如图 6-21 所示。这个短视频以第一人称视角，通过优美的文案、精心的拍摄与剪辑，成功地将观众带入了一个充满情感与故事的故乡世界。它不仅展现了故乡的美丽与魅力，更深刻地传达了旅人对故乡的无限眷恋与思念。

图 6-21　《故乡旅人》

1．脚本分析

《故乡旅人》的内容主要分为两个部分。第 1 部分为回乡，主角坐车返回故乡，一路风景，归心似箭；第 2 部分主要是回乡后的情节，包括与家人团聚、展示故乡风景、回忆儿时等内容，每个场景都充满了生活气息和故事感。

第 1 部分，短视频以一段公共汽车上拍摄的开场镜头为开头，沿路展现了故乡的晨曦和自然风光，配以温馨、怀旧的背景音乐，以及温暖治愈的文字，瞬间抓住观众的注意力，营造出一种淳朴、亲切的情感氛围。

第 2 部分，先是主角与家人一起制作美食，可以看到主角与家人之间的互动，这些温馨的画面不仅展现了人与人之间的情感纽带，更加体现了故乡深厚的文化底蕴和浓厚的人情味。然后，展示了故乡的古老的建筑、曾经走过的道路、乡村的自然风光，以及具有地方特色的建筑和景观。通过多角度、多场景的拍摄，全方位展现故乡的魅力，并通过一段触动心灵的旁白，回忆儿时的美好和展露现在的心情，同时，这部分内容也让观众感受到故乡的温暖与美好。最后，短视频以一段温馨、引人深思的文案，配合温暖的乡村画面作为结尾，展示了主角内心深处的独白，让观众感受到主角对故乡深深的眷恋和不舍。这部分内容旨在将观众对故乡的情感推向顶点，同时，也是对前面内容的总结和升华，让观众更加深刻地感受到前面所涉及的故乡的温暖与美好（即二次强调手法），从另一个方面也提醒观众应该回到故乡，看看自己的家人。

2. 拍摄手法分析

为了丰富画面的层次和视觉效果，短视频创作者采用多种拍摄角度、镜头和构图方式，以及平稳地推移、跟随、手持不稳定拍摄等拍摄方式。例如，低角度拍摄主角在乡野活动的镜头，引导线构图拍摄乡间小路，远景和全景镜头展现故乡的广阔与壮丽，特写镜头展示乡村各种特色的元素，以及跟随镜头记录主角的行走轨迹，还有手持拍摄器材拍摄的阳光照进行驶的汽车等，增强了观众的代入感。

光线是短视频拍摄中非常重要的元素之一，可以根据拍摄时间和场景的不同，灵活运用自然光和人工光源来营造不同的氛围和效果。本短视频大量运用背光镜头，以及柔软温暖的自然光，营造出了温馨、怀旧、梦幻般的暖色调，在突出主题的同时，使画面更加和谐统一。

3. 剪辑手法分析

剪辑时，短视频创作者会注意控制短视频的节奏。通过切换镜头、配合音乐节奏以及添加画面转场等方式，使短视频整体呈现出一种流畅而富有变化的节奏感。在转场时运用一些光影特效，如场景叠化、虚实结合、光斑闪烁、模糊渐变等来使视频更具连贯性和艺术感。为了突出故乡的某些元素，比如，房屋烟囱升起的袅袅炊烟、绿色田野和黄色油菜花等乡村美景等，可能添加一些滤镜或特效等。背景音乐与音效的选择恰到好处，既符合短视频的整体氛围，又能引导观众的情绪变化。

（二） 手机创作记录个人生活的短视频《小确幸》

记录个人生活的短视频类型主要是 Vlog，内容通常是使用手机记录生活中经常发生的、能让人感到幸福和满足的小事，如好吃的零食、精彩的电视剧、可爱的宠物等。本例将使用手机拍摄并制作记录个人生活的短视频《小确幸》。

1. 组建短视频团队

拍摄该短视频可以组建一个中型团队，共 4 人，成员组成和角色分工如下。

●**导演**：导演的主要工作是统筹所有拍摄工作，主要是根据短视频脚本完成短视频拍摄，并在现场进行人员调动，把控短视频的拍摄节奏和质量。

●**主角**：主角是短视频内容的主要演员，在该短视频中有女主角一名。

●**摄像**：摄像的主要工作是提出拍摄计划，布置拍摄现场的灯光，以及拍摄短视频。

●**剪辑**：剪辑的主要工作是后期剪辑，以制作短视频成片。

2. 撰写短视频脚本

撰写短视频脚本，需要明确短视频的内容主题。本实例拍摄主题为"小

《小确幸》
脚本

确幸"，根据这个主题，可以拍摄一个与日常生活有关的短视频。

3. 准备拍摄器材

由于本短视频主要场景在室内，所以使用手机拍摄，另外还准备了稳定器和灯光设备。

● 手机：型号为华为Mate 30 Pro，ROM容量为256GB。

● 稳定器：采用智云Crane云鹤3 LAB单反图传稳定器。

● 灯光设备：主要以室内灯光作为主光，并配合斯丹德LED-416补光灯和金贝110cm五合一反光板。

4. 设置场景和准备道具

根据短视频脚本设置场景和准备道具，这两项都比较简单。

● 场景：该短视频中的场景全部都在室内，涉及场景有窗边、沙发、厨房、玄关。

● 道具：道具包括零食、锅、锅铲、碗、菜、宠物等。

5. 现场布光

打开室内的灯光，根据客厅的光照强度选择顺光拍摄，并在拍摄对象侧方使用补光灯，增强主角的立体效果。

6. 设置拍摄参数

在拍摄短视频前，设置手机的拍摄参数，主要包括视频拍摄模式、闪光灯开 / 关。这里将视频拍摄模式设置为"1080p，60fps"，并关闭闪光灯。

7. 拍摄视频素材

根据撰写的短视频脚本拍摄与其相对应的视频素材。另外，拍摄过程中注意景别的变化和镜头的运用，主要运用突出拍摄对象的构图方式，图 6-22 所示为拍摄的视频素材。

图 6-22　拍摄的视频素材

8. 导入和裁剪视频素材

首先将素材文件导入剪映 App 中，并删除多余的视频画面，然后为短视频的开头和结尾设置特效，具体操作步骤如下。

① 打开剪映 App，点击"开始创作"按钮，打开手机资源库，在视频选项卡中点击"小确幸 1.mp4"视频素材（配套资源：\ 素材文件 \ 项目六 \ 小确幸 \ 小确幸 1.mp4），在打开的界面中预览视频素材，点击"裁剪"按钮。

导入和裁剪
视频素材

② 展开"裁剪"窗格，在视频轨道中拖动右侧的滑块裁剪视频，将视频时长缩短为"6.0s"，点击"确定"按钮✅。

③ 返回手机资源库界面，该视频素材已经被裁剪并选中，点击"添加"按钮，打开剪映的编辑界面，该裁剪好的视频已经被添加到编辑窗格的视频轨道中。

④ 将时间线定位到添加的视频素材的最后，点击编辑窗格右侧的"添加"按钮 +，添加并裁剪"小确幸 2.mp4"视频素材（配套资源：\素材文件\项目六\小确幸\小确幸 2.mp4），左侧滑块选取"6.1s"，右侧滑块选取"5.7s"，并将其添加到视频轨道中。

⑤ 用同样的方法裁剪其他视频素材（配套资源：\素材文件\项目六\小确幸\小确幸 3.mp4~小确幸 11.mp4），并将其依次添加到视频轨道中，并进行裁剪操作。各个素材的裁剪时间选取情况如下："小确幸 3.mp4"的左侧滑块选取"6.1s"，右侧滑块选取"4.1s"；"小确幸 4.mp4"的左侧滑块选取"5.8s"，右侧滑块选取"5.3s"；"小确幸 5.mp4"的右侧滑块选取"5.6s"；"小确幸 6.mp4"的左侧滑块选取"5.0s"，右侧滑块选取"3.7s"；"小确幸 7.mp4"的右侧滑块选取"7.4s"；"小确幸 9.mp4"的左侧滑块选取"3.2s"，右侧滑块选取"2.4s"；"小确幸 10.mp4"的左侧滑块选取"5.1s"；"小确幸 11.mp4"的左侧滑块选取"5.8s"，右侧滑块选取"4.5s"。

⑥ 将时间线定位到视频开始位置，在下面的工具栏中点击"特效"按钮，接着在打开的工具栏中点击"画面特效"按钮，展开"特效"窗格，点击"基础"选项卡，在下面的列表框中选择"变清晰"选项，点击"确定"按钮✅，为短视频开头添加"变清晰"特效，如图 6-23 所示。

⑦ 将时间线定位到"00:49"的位置，用同样的方法为短视频添加"渐隐闭幕"特效，如图 6-24 所示，完成导入和裁剪视频素材的操作。

图 6-23　添加"变清晰"特效　　　　图 6-24　添加"渐隐闭幕"特效

9. 添加滤镜

接下来为短视频添加滤镜。由于短视频的主要内容偏情感，可通过应用颜色比较明亮的、暖色调的滤镜，打造温暖的色调氛围，具体操作步骤如下。

添加滤镜

① 将时间线定位到已裁剪的视频素材中任意位置，返回剪映的编辑界面，在下面的工具栏中点击"滤镜"按钮，展开"滤镜"窗格，在"热门"选项卡中选择"自然"选项，点击"确定"按钮✔。

② 在编辑窗格中拖动"自然"滤镜左右两侧的滑块，设置其时长与整个短视频相同，为整个短视频应用该滤镜。

③ 点击"返回"按钮《，返回"滤镜"工具栏，点击"新增滤镜"按钮，展开"滤镜"窗格，用同样的方法添加"基础"选项卡中的"奶杏"滤镜，并调整时长，完成添加滤镜操作。

10. 添加背景音乐

下面关闭视频素材的原声，并为短视频添加背景音乐，具体操作步骤如下。

添加背景音乐

① 在编辑窗格中的视频轨道最左侧，点击"关闭原声"按钮🔊，关闭该短视频的原声。

② 点击工具栏中的"音频"按钮，在打开的工具栏中点击"音乐"按钮，打开添加音乐的界面，在上方的搜索文本框中输入"melancholy"文字，点击"搜索"按钮，在结果页面选择一个纯音乐的选项，先试听该音乐，然后点击右侧的"使用"按钮，将其导入短视频。

③ 选择导入的音频素材，分别在"00:02""00:54"位置点击"分割"按钮，分割音频素材后，删除第一段和最后一段音频素材，并将分割后的音频素材拖动到开始位置，完成添加背景音乐的操作。

11. 添加配音和字幕

接下来为剪辑的短视频添加配音和字幕，这里使用剪映的文字转音频功能，自动为短视频配音和添加字幕，具体操作步骤如下。

添加配音和字幕

① 点击工具栏中的"文字"按钮，在打开的窗格中点击"AI 配音"按钮，在打开的配音界面中点击文本框，在输入界面中输入与配音相关的文本内容，点击"应用"按钮，如图 6-25 所示。

② 返回配音界面，在"选择配音方式"栏中点击"更多音色"按钮，展开"音色选择"窗格，选择"心灵鸡汤"选项，点击"确定"按钮✔，返回配音界面，点击"下一步"按钮，如图 6-26 所示。

③ 剪映将自动为短视频添加配音的音频和文案，然后，将配音素材拖动到对应的视频素材下方，这里先把第 9 段配音素材拖动到"小确幸 11.mp4"视频素材下方，如图 6-27 所示。其他分别为第 8 段配音素材在"小确幸 9.mp4"视频素材下方，第 7 段配音素材在"小确幸 7.mp4"视频素材下方，第 6 段配音素材在"小确幸 5.mp4"视频素材下方，第 5 段配音素材在"小确幸 3.mp4"视频素材下方，第 4 段和第 3 段配音素材都在"小确幸 2.mp4"视频素材下方，第 2 段和第 1 段配音素材都在"小确幸 1.mp4"视频素材下方。

④ 选择任一配音素材，在工具栏中点击"文本样式"按钮，在打开的文本样式界面中点击"字

体"选项卡，在"可爱"选项卡中选择"元气泡泡"选项，如图6-28所示。

⑤点击"样式"选项卡，在界面下方点击"发光"选项卡，然后点击选择一种发光样式，并在发光颜色栏中选择一个粉红色的色块，在"强度"栏拖动滑块，将强度调整为"20"，点击选中"应用到所有字幕"单选项，点击"确定"按钮✓，如图6-29所示，完成添加配音和字幕的操作。

图 6-25　输入配音文本

图 6-26　设置配音

图 6-27　调整位置

图 6-28　选择字体

图 6-29　设置样式

12. 制作封面和片尾

使用视频中的帧画面作为封面，并在封面中添加标题模板，然后使用制作好的短视频作为片尾，具体操作步骤如下。

制作封面和
片尾

① 在编辑窗格最左侧点击"设置封面"按钮，打开设置封面的界面，在"视频帧"编辑窗格中将时间线定位到需要作为封面的短视频画面位置，点击"封面模板"按钮，如图 6-30 所示。

② 打开"封面模板"窗格，点击"VLOG"选项卡，在下面的列表中选择"周末小记"对应的选项，点击"确定"按钮☑，如图 6-31 所示。

③ 返回封面编辑界面，在封面画面中点击不需要的文本素材，在出现的编辑框中点击左上角的"删除"按钮☒，删除该文本，并将其他小图标移动到左下角。最后剩余标题文本，点击两次该标题文本，打开文本窗格，在文本框中重新输入"小确幸"，然后将该标题文本拖动到视频画面的左下方，点击"确定"按钮☑，最后，点击右上角的"保存"按钮，如图 6-32 所示。

图 6-30　选择封面图片　　　图 6-31　选用封面模板　　　图 6-32　设置封面字幕

④ 返回短视频编辑界面，添加制作好的片尾视频（配套资源：\素材文件\小确幸\项目六\结尾 .mp4）。最后，预览剪辑后的短视频效果，点击右上角的"导出"按钮，将剪辑好的短视频保存到手机相册中（配套资源：\效果文件\项目六\小确幸 .mp4）。

13. 发布短视频

整条短视频制作完成后，通常将其保存到手机相册中，可在抖音中直接选择该短视频进行发布，具体操作步骤如下。

发布短视频

① 打开抖音 App，在首页点击中间"添加"按钮▣，打开抖音的短视频

创作界面，点击右下角的"相册"按钮，如图6-33所示。

② 在打开的界面中选择制作好的短视频，点击"下一步"按钮，如图6-34所示。打开短视频编辑界面，直接点击"下一步"按钮。

③ 打开抖音的短视频发布界面，在左上角的文本框中输入短视频的标题文案，然后点击"# 话题"按钮，自动在文案后面添加"#"，然后继续输入话题内容，这里输入"vlog日常"文字，并用同样的方法添加话题"# 人生感悟"，最后，点击"发布"按钮，如图6-35所示，将制作好的短视频发布到抖音中，完成短视频的发布操作。

图 6-33　打开创作界面

图 6-34　选用短视频

图 6-35　设置发布文案

课后实训——创作短视频《父母的世界》

【实训目标】

为进一步提升短视频创作能力，下面就以人们十分关注的话题——父母与子女的关系为主题，创作一部剧情类短视频《父母的世界》。

【实训思路】

先组建短视频团队并撰写短视频脚本，然后准备拍摄器材、场景和道具，并进行现场布光；再设置拍摄参数、拍摄视频素材等；最后导入和裁剪视频素材、调色、添加字幕和背景音乐、导出成片等。

【实训操作】

↘（一） 组建短视频团队

拍摄该短视频可以组建一个大型团队，共 8 人，由导演、主角、配角、摄像和剪辑等成员组成。主角和配角角色分工如下。

- **主角**：主角是短视频内容的主要演员，该短视频有男主角1人。
- **配角**：配角是短视频内容的次要演员，该短视频配角是男主角的朋友，有4人。

↘（二） 撰写短视频脚本

撰写短视频脚本，需要明确短视频的内容主题。本短视频拍摄主题为"父母的世界"，根据这个主题，可讲述一个发生在父母与子女之间的故事。

《父母的世界》脚本

↘（三） 准备拍摄器材

本短视频需使用相机拍摄，另外还准备了稳定器和滑轨。

- **相机**：型号为松下DC-GH5SGK-K微单相机，镜头为松下标准变焦12-35mm F2.8二代镜头，如图6-36所示。
- **稳定器**：采用智云Crane云鹤3 LAB单反图传稳定器。
- **滑轨**：采用至品创造Micro2单反相机滑轨，如图6-37所示。

图6-36 相机和镜头 　　　　　　　　　　图6-37 滑轨

↘（四） 设置场景和准备道具

接下来根据短视频脚本设置场景和准备道具。

- **场景**：该短视频中的场景大多在室内，只有片尾部分在室外，因此只需租借一个KTV包间。
- **道具**：道具包括话筒、手机、水杯等。

↘（五） 现场布光

本短视频主要场景在 KTV 包间中，布光太强容易导致失真，降低短视频的真实感，因此，直接使用 KTV 自带的室内灯光。拍摄室外场景时，选择光线较好的地方即可，无须刻意布光。

↘（六） 设置拍摄参数

在拍摄短视频前，主要设置相机的快门、对焦、分辨率等拍摄参数，并关闭闪光灯，如图 6-38 所示。

图 6-38　设置拍摄参数

↘（七） 拍摄视频素材

根据撰写的短视频脚本拍摄与脚本内容相对应的视频素材。另外，拍摄过程中注意景别的变化和镜头的运用，主要运用突出拍摄主体的构图方式。图 6-39 所示为拍摄的视频素材。

图 6-39　拍摄的视频素材

↘（八） 导入和裁剪视频素材

首先将视频素材文件导入剪映中，裁剪并删除多余的视频画面，然后为短视频画面设置转场效果，具体操作步骤如下。

导入和裁剪
视频素材

① 启动剪映，单击"开始创作"按钮，打开视频编辑主界面，在"媒体"面板中导入所有的视频素材（配套资源：素材文件＼项目六＼父母的世界＼父母的世界 1.mp4～父母的世界 12.mp4），拖动"父母的世界 1.mp4"视频素材到"轨道"面板中。

② 使用"向右裁剪"按钮 ▌▌裁剪"父母的世界 1.mp4"视频素材，裁剪位置在"00:00:01:06"，如图 6-40 所示。

③ 拖动"父母的世界 2.mp4"视频素材到"轨道"面板中"父母的世界 1.mp4"视频素材右侧，使用"向左裁剪"按钮 在时间线为"00:00:02:27"的位置裁剪视频素材。使用"向右裁剪"按钮 在时间线为"00:00:05:29"的位置继续裁剪视频素材。

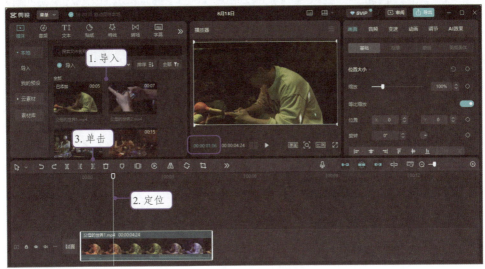

图 6-40　裁剪视频素材

④ 用同样的方法将其他视频素材拖动到"轨道"面板中，并继续裁剪视频素材，"父母的世界 3.mp4"的裁剪位置分别为"00:00:06:20"和"00:00:11:00"，"父母的世界 4.mp4"的裁剪位置分别为"00:00:12:00"和"00:00:20:00"，"父母的世界 5.mp4"的裁剪位置分别为"00:00:25:00"和"00:00:25:00"，"父母的世界 6.mp4"的裁剪位置分别为"00:00:25:10"和"00:00:27:10"，"父母的世界 7.mp4"的裁剪位置分别为"00:00:28:00"和"00:00:31:10"，"父母的世界 8.mp4"的裁剪位置分别为"00:00:32:20"和"00:00:38:10"，"父母的世界 9.mp4"的裁剪位置分别为"00:00:40:00"和"00:00:41:00"，"父母的世界 10.mp4"的裁剪位置分别为"00:00:43:00"和"00:00:48:00"，"父母的世界 11.mp4"的裁剪位置分别为"00:00:49:00"和"00:00:52:00"。

⑤ 在左上角的面板中单击"转场"选项卡，在打开的"转场"面板中选择"渐变擦除"选项，将其拖动到"轨道"面板中"父母的世界 1.mp4"和"父母的世界 2.mp4"视频素材中间位置，在右上角"渐变擦除"面板的"时长"数值框中输入"0.6s"，设置转场时长。使用同样的方法，在"父母的世界 5.mp4"和"父母的世界 6.mp4"视频素材之间添加"渐变擦除"转场，时长设置为"1.0s"。

⑥ 在"父母的世界 2.mp4"和"父母的世界 3.mp4"之间、"父母的世界 8.mp4"和"父母的世界 9.mp4"之间添加"色彩溶解"转场，时长为"1.0s"；在"父母的世界 3.mp4"和"父母的世界 4.mp4"之间、"父母的世界 6.mp4"和"父母的世界 7.mp4"之间、"父母的世界 9.mp4"和"父母的世界 10.mp4"之间添加"放射"转场，时长为"1.0s"；在"父母的世界 4.mp4"和"父母的世界 5.mp4"之间、"父母的世界 7.mp4"和"父母的世界 8.mp4"之间添加"岁月的痕迹"转场，时长为"0.6s"。添加转场后的"轨道"面板如图 6-41 所示，完成导入和裁剪视频素材的操作。

图 6-41　添加转场后的"轨道"面板

↘（九）调色

接下来为短视频调色。短视频的主要场景在 KTV 包间内，光线较暗，因此需要调整色彩亮度，具体操作步骤如下。

① 在"轨道"面板中选择任一视频素材，在右上角单击"调节"选项卡，在展开的"基础"选项卡的"明度"栏中，设置"亮度""高光""光感"3个参数均为"10"，单击"应用全部"按钮，为所有视频素材应用相同的色调。

② 在左上角的面板中单击"滤镜"选项卡，在展开的"滤镜"面板中选择"漫夏"选项，并将该滤镜拖动到"轨道"面板中，然后将该滤镜应用到所有视频素材中，完成调色操作，调色前后的画面对比效果如图 6-42 所示。

图 6-42　调色前（左图）后（右图）的效果对比

↘（十）添加字幕

接下来为剪辑的短视频添加字幕，这里由于需要输入的字幕不多，直接在剪映中添加字幕，具体操作步骤如下。

① 在左上角的面板中单击"贴纸"选项卡，在展开面板的搜索框中输入"发信息"文字，然后在搜索到的结果中选择合适的贴纸，并将其拖动到"轨道"面板的"父母的世界 2.mp4"视频素材上面，左侧与该视频素材对齐，右侧与视频中拇指按下发送键的时间点对齐，在"播放器"面板中将该贴纸拖动到视频画面的右下角，并适当调整大小，在右上角单击"动画"选项卡，在展开的面板中选择"弹入"选项，并设置"动画时长"为"0.2s"，如图 6-43 所示。

图 6-43 添加贴纸

② 在左上角的面板中单击"文本"选项卡，选择"默认文本"选项，并将其拖动到"轨道"面板中的贴纸素材上面，调整开始时间比贴纸晚 0.2s，结束时间一致。在右上角"文本"面板的文本框中输入"妈，今年公司很忙，过年可能要加班，回不来了"文字，设置"字体颜色"为"黑色"，"字号"为"6"，"对齐方式"为"左对齐"，然后调整文本位置。单击"动画"选项卡，选择"打字机Ⅱ"选项，并设置"动画时长"为"2.0s"，如图 6-44 所示。

图 6-44 添加文本

③ 将贴纸素材和文本素材复制到"轨道"面板的"父母的世界 6.mp4"视频素材上面，修改文本内容为"好的，儿子，在外面不要省钱，吃好点。妈妈想你了，有时间给妈妈发个视频"，并调整两个素材的时长，然后在"播放器"面板中调整两个素材的位置，效果如图 6-45 所示。

图 6-45 添加贴纸和文本

④ 用同样的方法将贴纸素材和文本素材复制到"父母的世界 7.mp4"视频素材上面，使其结尾与该视频素材一致，将文本内容修改为"妈，爸呢"，并调整贴纸素材的大小。再将贴纸和文本素材调整到视频画面的右上角。

⑤ 用同样的方法在"父母的世界 10.mp4"视频素材上面添加贴纸和文本，将文本内容修改为"你爸以为你要回来，每天都去火车站等你，不过你放心，他每次都穿着你给他买的羽绒服，一点都不冷"，并调整贴纸素材的大小，效果如图 6-46 所示。

图 6-46 继续添加贴纸和文本

⑥ 将时间线定位到短视频最后，添加新的"默认文本"文本素材，修改文本内容为"对于你来说，父母是生活的一部分"，"字号"为"10"，"动画"为"打字机Ⅱ"，"动画时长"为"2.0s"。使用相同的方法依次输入后续的字幕文本"但对父母来说，你就是他们的全世界""现在回家，陪陪这个世界上最爱你的两个人"，结束时间为"00:01:06:00"，完成后的效果如图 6-47 所示，完成添加字幕的操作。

图 6-47 添加所有字幕

（十一） 添加背景音乐和片头并导出

该短视频在拍摄时有较多杂音，因此需要删除短视频原声，并为该短视频添加背景音乐，然后添加片头，最后导出制作完成的短视频，具体操作步骤如下。

① 在"轨道"面板的所有视频素材左侧单击"关闭原声"按钮 🔊，关闭该短视频的原声。

② 在左上角的面板中单击"媒体"选项卡，在其中导入"父母的世界"音频文件（配套资源：\素材文件\项目六\父母的世界\父母的世界 .aac），并将音频素材拖动到"轨道"面板中，然后在右上角的"基础"面板中设置音量为"−10.0dB"。

③ 在"媒体"面板中单击左侧的"素材库"按钮，在右侧的搜索框中输入"父母的爱"文本，然后在搜索到的结果中选择合适的视频素材，将其拖动到"轨道"面板中所有视频素材的左侧作为开头，调整片头时长，效果如图 6-48 所示。（注意，如果插入片头后，可能会出现其他文本素材位置发生异变，需要重新调整。）

图 6-48　设置片头

④ 在插入的片头视频素材上添加文本"父母的世界"，并在右上角的"文本"面板中单击"花字"按钮，在下方选择一种样式，如图 6-49 所示。单击右上角的"导出"按钮导出短视频，完成相关操作（配套资源：\效果文件\项目六\父母的世界 .mp4）。

图 6-49　设置花字

↘（十二）发布短视频

整条短视频制作完成后，就可以发布在合适的平台上。这里选择发布在抖音网站上，具体操作步骤如下。

发布短视频

① 登录抖音网站，在首页单击右上角的"投稿"按钮，打开"抖音创作者中心"网页，单击"点击上传"按钮，在"打开"对话框中选择"父母的世界"视频文件，单击"打开"按钮，将短视频上传到网站中。

② 打开"发布视频"网页，在文本框中输入标题和内容简介，单击"# 添加话题"按钮，并输入话题内容，然后进行其他的发布设置，完成后单击"发布"按钮，如图6-50所示，然后短视频将进入审核流程，审核完毕后，即会在账号动态栏中展示。

图6-50　发布短视频

课后练习

试着根据本项目所学的短视频案例分析相关知识，从网上找一个表现社会正能量的短视频，分析并学习其拍摄手法，然后仿照拍摄一个短视频，要求展示个人积极向上的日常生活。